NORMAL
IST DAS NICHT

SIDNEY HOFFMANN

mit Ferry Weiss

NORMAL IST DAS NICHT

EIN PS-PROFI AUF ACHSE

BOOKS

Impressum

Sidney Hoffmann
mit Ferry Weiss
Normal ist das nicht
Ein PS Profi auf Achse
ISBN: 978-3-95910-158-5

Eden Books
Ein Verlag der Edel Germany GmbH
Copyright © 2018 Edel Germany GmbH, Neumühlen 17, 22763 Hamburg
www.edenbooks.de | www.facebook.com/EdenBooksBerlin | www.edel.com
2. Auflage 2018

Einige der Personen im Text sind aus Gründen des Persönlichkeitsschutzes anonymisiert.

Projektkoordination: Kathrin Riechers
Lektorat: Swantje Buddensiek
Umschlaggestaltung: Christina Hucke
Cover- und Autorenfoto: © Romina Nowosatko, Photominagraphy
Layout und Satz: Datagrafix GmbH, Berlin| www.datagrafix.com
Druck und Bindung: optimal media GmbH, Glienholzweg 7, 17207 Röbel/ Müritz

Das FSC®-zertifizierte Papier *Holmen Book Cream* für dieses Buch lieferte Holmen Paper, Hallstavik, Schweden.

Inhalt

Nesthäkchen Sidi

Im September 1979 wurde ich als jüngstes von insgesamt drei Kindern in Dortmund geboren. Meine Schwester Karin, die mittlerweile meine rechte Hand in der Firma ist, war bereits acht und Angelika fünf. Mit zwei älteren Schwestern konnte ich nicht etwa mit Modellautos spielen oder mit Baggern im Sandkasten schaufeln, nein – ich musste helfen, Barbie anzuziehen und ihr die Haare zu kämmen. Wenn ihr jetzt denkt »Der arme Kerl ...«, kann ich nur sagen: Barbie spielen ging noch.

Wirklich erniedrigend war, dass meine Schwestern mich als Schminkkopf missbraucht haben. So lief der kleine Sidney schon mal mit Wimperntusche, Mascara und Rouge auf Dortmunds Straßen herum. Zum Glück war mein Vater da ganz auf meiner Seite und half mir, meine Karriere als Schmink-Versuchsobjekt zu beenden. Karin und Angelika fanden das nicht toll, hatten aber schon eine neue Idee: Sie überredeten mich, stattdessen sie zu schminken. Dieses Kindheitstrauma verfolgt mich bis heute. Ich muss zwar niemanden mehr anmalen – aber Frauen nehmen mich irgendwie besonders gerne mit zum Shoppen. Ich könnte fast der Guido Maria Kretschmer Dortmunds sein.

Mein Vater hat mich nicht nur vor dieser unfreiwilligen Modelkarriere bewahrt, sondern auch schon sehr früh die Begeisterung für Autos in mir geweckt. Er nahm mich so manches Mal in seinem Opel Senator mit auf einen Parkplatz, wo er mich auf seinen Schoß nahm und ich lenken durfte, was mir unfassbaren Spaß bereitet hat. Generell hatte ich ein sehr gutes und enges Verhältnis zu meinem Vater. Ich glaube, er war sehr froh, dass sein drittes Kind ein Junge war. Drei Frauen unter einem Dach sind – ich spreche aus eigener Erfahrung – manchmal schon echt anstrengend! Wenn man sich jetzt vier Frauen unter einem Dach vorstellt ...

Meine Eltern betrieben eine kleine Wirtschaft in Dortmund. Mein Vater war Chef der Küche, meine Mutter bediente. So haben sie sich auch kennengelernt – bloß am anderen Ende der Welt: Mein Vater war Weltenbummler und kochte Ende der Sechziger in Südafrika im Dienste der Armee. Meine Mutter war Küchenhilfe. Die beiden verliebten sich ineinander, mussten ihre Liebe zueinander jedoch verstecken. Denn meine Mutter ist »coloured«. So nennt man die Nachkommen der ersten holländischen Siedler und der Ureinwohner am Kap, den Khoikhoi. In Zeiten der Apartheid, der Rassentrennung, die noch bis 1994 in Südafrika praktiziert wurde, waren gemischtrassige Beziehungen ein schwerwiegendes Vergehen, auf das viele Jahre Gefängnis stand. Eine Beziehung zwischen einem weißen Deutschen und einer »coloured«? Unvorstellbar.

Lange geheim halten konnten meine Eltern ihre Beziehung allerdings nicht. Meine Mutter wurde eines Tages gewarnt, dass ihr Arbeitgeber wohl bereits auf einen Verdacht hin mit den Behörden gesprochen hatte – was meine Eltern in eine hochgefährliche Situation brachte.

So fassten sie den Entschluss, möglichst schnell das Land zu verlassen und nach Deutschland zu gehen. Eines Abends holte mein Vater meine Mutter per Mietwagen an einem verabredeten Treffpunkt ab. Beide hatten nur das

Allernötigste dabei, was sich wenig später auch auszahlte: Mein Vater muss sehr nervös gewesen sein, denn wenige Kilometer vor dem Flughafen geriet der Wagen aus ungeklärten Gründen ins Schleudern, kam von der Straße ab und krachte gegen einen Baum. Totalschaden.

Meine Eltern nahmen ihr Hab und Gut aus dem Wrack und beeilten sich, zu verschwinden. Den ganzen Rest des Weges zum Flughafen legten sie laufend zurück.

Mein Vater setzte danach nie wieder einen Fuß in dieses Land. Während meine Geschwister und ich jedes Jahr im Sommer für drei Monate in Südafrika waren, blieb mein Vater daheim – offiziell hatte er Angst, noch nachträglich wegen des zerstörten Mietwagens zur Verantwortung gezogen zu werden. Ob das tatsächlich stimmte, weiß ich nicht.

So kam meine Mutter mit Anfang zwanzig, ohne ein Wort Deutsch sprechen zu können, in den Ruhrpott. Sie sprach ein wenig Englisch, aber ihre Muttersprache war Afrikaans. Mein Vater konnte das Nötigste auf Afrikaans und half ihr, sich so gut wie möglich zurechtzufinden. Für meine Mutter musste die Situation furchtbar gewesen sein. Sie verließ in einer Nacht-und-Nebel-Aktion ihre Heimat, ihre Freunde und ihre Familie, ohne sich verabschieden zu können. Niemand durfte von der Flucht wissen, damit keiner versehentlich etwas hatte ausplaudern oder nachträglich ins Visier der Behörden hatte geraten können.

Abgesehen von den bunten Malträtierungen durch meine älteren Schwestern hatte ich eine tolle frühe Kindheit. Mein Vater war eine sehr entspannte Person. Meine Mutter führte dagegen ein strenges Regiment, voll von südafrikanischem Temperament. Ich hatte es als Nesthäkchen noch recht entspannt, aber Karin musste so manche Gefechte austragen, die mir dann durch ihre Pionierarbeit später erspart blieben.

Im Kinderzimmer herrschte dagegen rechtsfreie Zone. Meine Schwestern bestimmten alles. Wenn Angelika zum Beispiel schlafen wollte, hieß das für mich, dass ich mich keinen Millimeter mehr bewegen durfte, sonst gab es Ärger. Das war natürlich völliger Quatsch – sie raschelte mit ihrer Bettdecke viel lauter als ich, wenn sie sich umdrehte! Aber wehe, von mir hörte man nur einen Pieps. Das Skurrile war: Wenn Angelika mich zur Sau machte, weil ich angeblich zu laut war, kamen mein Vater oder meine Mutter ins Zimmer und schimpften mit Karin, dass jetzt endlich mal Ruhe herrschen sollte.

»Warum krieg eigentlich immer ich Ärger? Das ist so unfair, ihr macht hier rum und ich krieg's dann ab!«, keifte Karin dann.

Angelika war mucksmäuschenstill.

»Vielleicht liegt es am Bett.« Ich war mir sicher, dass ich des Rätsels Lösung gefunden hatte.

»Was meinst du damit, es liegt am Bett?«

»Wenn man reinkommt ist dein Bett das erste, das man sieht. Es steht ja direkt neben der Türe. Gelis ist am Fenster und meines quasi hinter der Türe. Wahrscheinlich kriegst du deswegen immer Ärger.«

»Na toll, dann tauschen wir jetzt mal die Betten.«

Gesagt, getan, ich tauschte mit Karin die Betten.

Dann unterhielten wir uns wieder etwas lauter, um zu schauen, was wohl passieren würde. Es schien zu funktionieren, ich hörte die Schritte meines Vaters im Gang. Schnell verkroch ich mich unter der Bettdecke und stellte mich schlafend. Die Türe ging auf.

»Jetzt ist endgültig Schluss hier drin! Karin, wenn ich noch einen Ton höre, gibt es noch richtig Ärger!«

Vorsichtig lugte ich unter der Decke hervor: Mein Vater stand mit dem Rücken zu mir und schwang seinen Zeigefinger vor Karins hochrotem Kopf. Dann drehte er sich um und ich versteckte mich schnell wieder unter der Decke. Energisch flog die Tür ins Schloss.

»Na toll«, flüsterte Karin. »Super Theorie, Sid. Ich krieg's ab, egal in welchem Bett ich liege.«

»Tut mir leid«, antwortete ich kleinlaut.

Mein Vater war derjenige, der meine Leidenschaft für Lego weckte. Eines Abends brachte er mir ein Lego-Auto mit und baute es mit mir gemeinsam zusammen. Das war der Startschuss für eine ... man könnte es fast als Sucht bezeichnen. Ich konnte gar nicht genug Lego haben und wünschte mir so gut wie nie etwas anderes. Blöd war anfangs nur, dass ich die Sachen als Vierjähriger noch gar nicht wirklich zusammenbauen konnte, was mich, den Erzählungen meiner Mutter zufolge, unglaublich wütend gemacht hat. Mein Vater kam mir immer zu Hilfe, um meinen Schreikrampf zu beenden.

Als ich es dann selber konnte, baute ich zuerst ganz penibel nach Bauplan. Jedes Teil saß exakt dort, wo es hingehörte. Aber das wurde mir irgendwann zu langweilig.

Damals gab es von Lego so eine Art Mondfahrzeug. Das nutzte ich als Basis, um einen Armeetransporter zu bauen. Aber obwohl mich niemand dazu zwang, die Legos umzubauen, hatte ich dabei ein ganz komisches Gefühl. Es fühlte sich falsch an, Bauteile zu vermischen und aus zwei Fahrzeugen eines zu machen. Das geht mir tatsächlich bis heute so. Es mag vielleicht schizophren klingen, aber in mir drin verspüre ich immer sowohl den Drang, alles, was zusammengehört, auch zusammenzulassen, als auch den Wunsch, mich an Eigenkreationen zu versuchen. Das machte mir nämlich wahnsinnig viel Spaß und sie sahen – zumindest empfand ich das immer so – sehr, sehr cool aus.

Für mich fühlt es sich an, als hätte mein Vater damals den Grundstein meiner Tuningleidenschaft gelegt: diesen Willen, vom normalen Bauplan abzuweichen und ganz in meinem Sinne zu optimieren. Ich baue übrigens bis heute Autos, Sternzerstörer und Häuser aus Lego. Mittlerweile aber streng nach Bauplan – getunt werden bei mir nur noch Autos.

Das erste Fahrzeug, das ich getunt habe, war mein rotes, gelbbereiftes BMX-Rad. Am Anfang stand eine Wette: Zwei Kumpels und ich wollten wissen, wer die gerade Straße, die vor kurzem um eine Kurve erweitert worden war, schneller mit geschlossenen Augen fahren konnte. Um für dieses enorm wichtige Rennen adäquat gewappnet zu sein, stapfte ich in den Keller, nahm Vaters Werkzeug und machte mich an meinem BMX zu schaffen. Als erstes »säuberte« ich mit einem Lappen die Kette. Dann nahm ich Reifen und Kettenblatt ab. Das dauerte einige Stunden, schließlich hatte ich keinerlei Erfahrung mit Werkzeug und musste also alles erst ausprobieren. Als nächstes war die Hinterradbremse dran. Ich hatte bei älteren Jungs beobachtet, dass es cool war, anstelle mit der Bremse mit dem Fuß zu bremsen, dementsprechend konnte ich hier Gewicht sparen. Als ich nichts mehr hatte, was ich abbauen konnte, wollte ich die Teile, die ich doch benötigte – wie zum Beispiel das Kettenblatt und die Reifen –, wieder einbauen. Doof war nur, dass mir das nicht gelang. Beim Versuch, das Kettenblatt anzuschrauben, verkantete sich die Schraube. Ich hatte keine Chance, das blöde Ding bewegte sich keinen Zentimeter mehr. Ich war stinksauer. Ich hasste es, wenn etwas nicht funktionierte. Auch diese Eigenschaft habe ich bis heute beibehalten: Wenn Technik nicht so funktioniert, wie sie soll, könnte ich durchdrehen.

Zum Glück gab es noch meinen Vater. Zu dem rannte ich in meiner Wut und beschwerte mich darüber, dass das alles nicht funktionierte. Eigenartig war, dass mein Vater kein bisschen sauer war, sondern einfach ganz in Ruhe mit mir in den Keller ging. Als er das völlig zerlegte Fahrrad sah, krempelte er die Hemdsärmel hoch und begann damit, das BMX-Rad Schritt für Schritt wieder zusammenzusetzen. Dabei erklärte er mir in aller Seelenruhe, was wie funktionierte. Dank meines Vaters stand dem großen Rennen am nächsten Morgen also nichts mehr im Wege.

Ich ging also mit meinem getunten Fahrrad an den Start – ich hatte meinen Vater sogar davon überzeugen können, auf die Klingel zu verzichten, wobei ich ihm dabei natürlich nichts von unserer großartigen Rallye erzählt hatte.

Wir drei Kontrahenten standen in einer Reihe und vier weitere Kinder hatten sich am Straßenrand aufgestellt, die diesen »Wettkampf unter Männern« fair beurteilen sollten. Ich prägte mir den Straßenverlauf genau ein, besonders die Stelle, an der die Gerade in die Kurve überging, sowie den Winkel der Kurve. Ich wollte nichts dem Zufall überlassen und war mir sicher, dass ich dieses Rennen nicht nur gewinnen, sondern dominieren würde! Schließlich hatte ich ja mein BMX-Rad extra entsprechend vorbereitet. Ich schloss meine Augen, sah die Strecke vor meinem inneren Auge …

»Auf die Plätze, fertig, los!«

Ich trat in die Pedale, was das Zeug hielt. Ich merkte sofort, dass ich deutlich schneller war als vor meinem Tuning, zumindest in meiner Fantasie. Meine Widersacher waren dicht hinter mir, das konnte ich hören, aber sie waren hinter mir und das war alles, was zählte. Dann begann in meiner Vorstellung die Kurve, ich warf mein Fahrrad nach links und alles, was ich hatte, in die Pedale.

»Achtung!«

Ich hörte den Aufschrei, aber es war schon zu spät. Offenbar war meine ausgefuchste Winkelberechnung nicht zu einhundert Prozent akkurat gewesen. Na ja, was soll ich sagen, war wohl nix! Kurve voll verpasst und à la Highsider vom Rad gestiegen. Dooferweise bin ich mit meinem Wadenbein auf einem recht spitzen Stein gelandet – der dieses knapp am Knochen vorbei durchbohrte. Die Schmerzen waren unglaublich. Aber trotz des Unfalls war ich der festen Überzeugung, dass mich meine Maßnahmen am Fahrrad eindeutig schneller gemacht hatten.

Dieses Rennen ist meine erste Erinnerung daran, die Fahrleistung optimieren zu wollen. Aus heutiger Sicht waren meine Aktionen sicherlich kontraproduktiv, aber der Grundstein für meine Leidenschaft zum Tuning war gelegt!

Fußball

Als ich vier Jahre alt war, wollte ich Fußballstar werden! Okay, eigentlich wie jeder kleiner Junge. Meinen Vater freute das natürlich. Er verpasste schon damals kein Spiel des BVBs – wahre Liebe eben. Er brachte mich zum ersten Training beim POST SV Dortmund und ich erinnere mich daran, auch wenn es jetzt wirklich schwer zuzugeben ist, bitterlich geweint zu haben, als er in der Zwischenzeit kurz etwas einkaufen gehen wollte. Ich bestand wohl darauf, dass er mir von Anfang bis Ende zuschaute – was er dann auch gemacht hat.

Durch den Fußball kam ich auch zum ersten Mal in den Genuss eines fetten V8-Sounds: Beim POST SV spielten relativ viele »Tommys«. Die Älteren von Euch erinnern sich: Tommys nannte man die britischen Truppen, die nach dem Zweiten Weltkrieg in Deutschland stationiert waren. In Dortmund gab es bis 1995 diverse britische Baracken. Und die Kinder der Soldaten spielten so wie die Soldaten selbst auch gern Fußball.

So kam es, dass vor und nach dem Training zahlreiche Landrover und Rover vor dem Trainingsgelände vorfuhren. Für mich waren die Engländer die coolsten Typen, das krasse Gegenteil zum normalen Ruhrpott-Schick: gestylte Haare, Tattoos und coole Karren. Ein Wagen war mein absoluter Liebling: Rover SD1. Heute vermutet man dahinter eventuell einen entfernten Verwandten eines Citroën DS, aber damals war es ein flacher Sportwagen mit unfassbarem Sound: Der V8 erzeugte ein fettes Donnergrollen, das man bis in die Knochen spürte. Ich war hin und weg und flehte meinen Vater an, er solle uns auch so ein Auto kaufen.

»Nö«, war seine trockene Antwort.

Viele Jahre später erfüllte ich mir dann selbst den Kindheitstraum, einen Rover zu besitzen. Das endete allerdings in einer Katastrophe. Rover ging kurz nach meinem Kauf pleite, die Ersatzteile verschwanden und keiner wollte mehr Rover fahren. Die Karre hat mich eine Menge Toto gekostet.

Wir waren beim POST SV eine ganz gute Truppe. Etwas überraschend: auch maßgeblich wegen und nicht trotz der Inselkicker. Viele meiner Mannschaftskameraden wurden im Laufe der Jahre gesichtet und wechselten zur Jugend des BVBs. Es war auch mein großes Ziel, Fußballprofi zu werden und das schwarz-gelbe Trikot überzuziehen. Allerdings nahm ich es mit dem Trainieren nicht allzu ernst. Im normalen Training habe ich immer Vollgas gegeben, aber abseits davon habe ich lieber andere Dinge getan. Ein gewisses Talent war sicher da, doch am unbändigen Ehrgeiz haperte es etwas. Dennoch, als ich circa vierzehn war, wechselte ich zum DJK TUS Körne, wurde Kapitän und habe sogar auf meiner Traumposition im zentralen Mittelfeld mit der Nr. 10 gespielt. Das war sozusagen meine erste Führungsposition und ich hatte sehr großen Spaß daran. Ich war der verlängerte Arm meines Trainers und kommandierte auch gerne meine Mannschaftskollegen herum. Wenn die viel liefen, musste ich schließlich nicht mehr allzu viel rennen.

Eines Tages bot sich eine riesige Gelegenheit: Es wurde ein Testspiel gegen Borussia Dortmund ausgemacht. Das war die Chance, allen zu zeigen, was man draufhat. Die Chance, um den Sprung zum BVB zu schaffen. Alles, was man dafür brauchte, war ein richtig gutes Spiel ... Jedenfalls war das damals meine Auffassung. In der Woche zuvor legte ich tatsächlich auch mal außerhalb des Trainings eine Übungseinheit ein, da ich dachte, dass eine intensivere Woche Training schon ausreichen würde.

Einer meiner Kumpels, die ich aus der Geßlerstraße kannte, spielte beim BVB. Henry, »die schwarze Perle aus Dortmund«, war ein extrem schneller Mittelfeldspieler. Da ich ebenfalls Mittelfeld spielte, wusste ich, dass ich einige Sprints trainieren sollte, um eine Chance zu haben – was ich auch tatsächlich tat.

Dann kam der große Tag. Testspiel gegen meinen Lieblingsverein Borussia Dortmund – den Verein, mit dem auch mein Vater jedes Wochenende mitfieberte. Ich, Sidney Hoffmann, würde jetzt als Kapitän eine Glanzleistung vollbringen, die »schwarze Perle« kaltstellen und eine Karriere als Profifußballer beginnen, die im Amt des Kapitäns der Nationalmannschaft und im Weltmeistertitel gipfeln würde.

Alle meine Teamkameraden freuten sich unendlich auf das Spiel und waren hoch motiviert, den Verantwortlichen zu zeigen, dass sie beim BVB spielen müssten.

Voller Euphorie marschierten wir auf den Platz. Henry und ich begrüßten uns. Für mich gab es seit Bekanntgabe des Spiels natürlich kein anderes Thema mehr, als dass wir gegeneinander spielen würden. In den ersten drei Minuten ließen es die Schwarzgelben ruhig angehen. Ich hatte Henry immer nah an meiner Seite. Dann kam der Ball zu ihm. Ich war sofort dran, stellte mich ihm in den Weg. Doch Henry legte völlig humorlos den Ball an mir vorbei und rannte los. Ich sofort hinterher, allerdings völlig chancenlos. Er war mir bereits auf den ersten Metern so was von überlegen, dass ich nur noch alibihaft hinterherrennen konnte. Zum

Glück konnte ihn mein Abwehrkollege abfangen. Mir wurde schlagartig klar, dass ich gegen Henry nicht den Hauch einer Chance hatte. Meine glorreiche Karriere beim BVB schwebte in höchster Gefahr. Ich brauchte eine Lösung – und zwar schnell! Als der Ball in der anderen Platzhälfte unterwegs war, suchte ich den Kontakt zu Henry.

»Ey! Ey, Henry!«

»Alter, da hab ich dich ganz schön stehen lassen.«

»Ja, Mann, das ist nicht gut. Hör auf damit!«

»Wie?«

»Du lässt mich total scheiße aussehen. Lass das mal. Wäre doch abgefahren, wenn wir zusammenspielen würden. Aber wenn du mich hier jedes Mal stehen lässt, hab ich keine Chance.«

»Ja, okay, verstehe.«

»Also – das nächste Mal passt du den Ball entweder wieder zurück oder machst irgendwas anderes, aber renn mir nicht davon!«

»Okay, mach ich.«

Puh, was ein Glück, auf Henry ist Verlass, dachte ich.

Und tatsächlich: Für den Rest des Spiels ließ er mich nicht ein einziges Mal mehr schlecht aussehen. Gut, das Spiel verloren wir trotzdem mit vier zu null, aber immerhin hatte ich »die schwarze Perle« die ganze Zeit im Griff gehabt. Nach Abpfiff beglückwünschte mich der Trainer des BVBs. »Gutes Spiel!« Ich war mir sicher, dass ich es geschafft hatte.

In den kommenden Wochen wich ich dem Telefon nicht von der Seite. Immer, wenn es klingelte, ging ich sofort ran.

»Sidney Hoffmann!«, schrie ich voller Vorfreude in den Hörer – Angelika und meine Mutter waren schon völlig entnervt. Leider waren die Anrufer nie vom BVB. Ich war enttäuscht, aber nicht am Boden zerstört. Immerhin wurde der TSC Eintracht auf mich aufmerksam und lud mich zum Probetraining ein. Das endete allerdings in einem Desaster, bevor es überhaupt anfangen konnte. Mein damaliger Stiefvater fuhr mich in einem Minivan mit Schiebetüren zum Probetraining. Als ich ausstieg, klemmte er mir versehentlich drei Finger in der Türe ein. Die Details der Verletzung spare ich mir an dieser Stelle. Die Auswirkungen waren, dass ich das Probetraining vergessen konnte und auch noch mehrere Wochen lang auf das Fußballtraining verzichten musste.

Total wütend hatte ich danach keinen Bock mehr, Fußball zu spielen. Das war es für mich mit meiner aktiven Karriere. Aber klar: einmal Borusse, immer Borusse. Fan vom BVB werde ich immer bleiben, auch wenn der Anruf damals ausblieb. Leider finde ich kaum noch die Zeit, um ins Stadion zu gehen. Aber der tiefe Schmerz bei einer Niederlage gegen die Lederhosen oder die Freude über den Pokalsieg gegen Frankfurt 2016 fließt nach wie vor durch jede Zelle meines Körpers!

Mein auf den Fußball folgendes, neues Hobby könnte man fast schon als Pionierarbeit bezeichnen und war der damaligen Zeit weit voraus: American Football. Ich wurde Wide Receiver bei den Dortmund Giants.

Mama – meine Heldin

Neulich wurde ich bei einem Interview gefragt, ob ich Vorbilder oder Helden hätte. Da ist mir spontan nur eine Person eingefallen: meine Mutter.

Als ich sechs Jahre alt war, wurde bei meinem Vater Krebs diagnostiziert. Einige Monate später hat er den Kampf verloren und meine Mama wurde schlagartig zu einer alleinerziehenden Mutter von drei Kindern. Wie das damals genau abgelaufen ist, was alles im Detail passiert ist, kann ich nicht gut beschreiben. Vermutlich setzt hier der schützende Verdrängungsmechanismus eines Kindes ein. Für uns alle war der Verlust meines Vaters unglaublich schmerzvoll – und es gibt auch keinen richtigen Umgang damit. Niemand bereitet einen auf so etwas vor.

Rückblickend denke ich, dass ich es aufgrund meines Alters noch am leichtesten hatte. Als Sechs- oder Siebenjähriger fehlt einem noch das vollumfängliche Bild. Für meine Schwestern und meine Mutter stellte sich die Situation ganz anders dar.

Die Familie meines Vaters hatte nie großartigen Kontakt zu uns, das änderte sich auch nicht, als mein Vater starb. So trug meine Mutter nach dem Tod meines Vaters die alleinige Verantwortung für uns Kinder. Und sie konnte und wollte es ohne ihren Mann nicht länger als Südafrikanerin in Deutschland aushalten. Ohne dies großartig mit uns Kindern zu besprechen, beschloss sie, zurück nach Kapstadt zu ziehen. Dort hatte sie ihre eigene Familie, wie meine Oma, die ihr helfen konnte.

Ich erinnere mich noch ganz genau an den Tag Ende 1987, als die Möbelpacker kamen. Es war so ein typisch deutsches Wetter, inklusive grauem Himmel, kühlen Temperaturen und immer wieder einsetzendem Nieselregen.

Meine Mama nahm unsere komplette Inneneinrichtung mit nach Südafrika. Die Jungs aus dem Block standen alle vor der Türe und bestaunten, was vor sich ging. Ich spielte den coolen Typen. Schließlich war es schon exotisch, zu erzählen, dass man jetzt nach Südafrika auswandert. Aber das coole Gehabe überdeckte nur eine seltsame Trauer. Ich wusste tief in mir drinnen, dass ich meine Freunde, meine Straße und meine Heimat vermutlich nie mehr wiedersehen würde. Auf der anderen Seite war der Gedanke so abstrakt für mich, dass ich kein wirkliches Bild im Kopf hatte. Ich wusste nicht, was das bedeutet oder wie das aussieht. Daher war es vielleicht eher so etwas wie ein mulmiges Gefühl als Traurigkeit.

Den Gang durch die komplett leere Wohnung werde ich nie vergessen. Es wirkte wie im Traum, absolut unwirklich. Eine leere Wohnung, nackte Wände, Staubflocken, die sich jahrelang unter den Möbeln abgesetzt hatten, meine weinenden Schwestern ... Meine Mutter regelte alles mit einer melancholischen Miene, aber ohne zu weinen. Es war sehr selten, dass ich meine Mutter mal habe weinen sehen.

Vermutlich wollte sie für uns Kinder stark sein und nicht zeigen, wie sehr sie unter dem Tod meines Vaters und der ganzen Situation litt. Meine Mutter vermittelte uns immer das Gefühl der absoluten Kontrolle, so als ob sie immer alles im Griff hätte. Man muss sich mal vorstellen, wie viel Kraft sie das gekostet haben muss. Es war niemand da, um sie zu trösten. Sie musste mit ihrem Schmerz, den trauernden Kindern und dem Umzug nach Südafrika ganz alleine klarkommen.

Der Tod meines Vaters stellte einen großen Bruch in meinem Leben und dem meiner Familie dar. Papa weg, Wohnung weg, Freunde weg. Bisher hatten wir jedes Jahr im Sommer drei Monate in Südafrika verbracht. Dieses Mal war es eben nicht nur für drei Monate. Was ich damit sagen will: Ich bin nicht in ein »fremdes« Land oder eine »fremde« Umgebung gekommen. Kapstadt war die ersten sieben Jahre meines Lebens meine zweite Heimat – und wurde jetzt eben zu meinem richtigen Zuhause.

Meine Mutter wurde etwas weniger streng mit uns. Mit mir war sie ohnehin nie so hart, meine Schwestern hatten es schon deutlich schwerer gehabt. Damals in Deutschland flog auch schon mal Mamas Pantoffel. Der hat zwar immer sein Ziel verfehlt, aber wenn sie einen dann aufforderte, ihr den Schuh zurückzubringen, war das für den Stolz schon schwer zu verkraften.

Am 08.08.1988 wurde ich in der Deutschen Internationalen Schule Kapstadt (DSK) eingeschult. Mir fiel die Anpassung ehrlich gesagt nicht schwer. Tagsüber ein bisschen Schule, der Rest des Tages: Sonne, Strand und Meer. Ein wahres Paradies. Gut, so wie meine Mutter an Konsequenz in der Erziehung nachließ, machte meine Oma dies mit ihrem südafrikanischen Temperament wieder wett. Aber auch bei meiner Oma hatte ich als Nesthäkchen immer einen Stein im Brett.

Angelika und Karin fiel die Anpassung an Südafrika schon deutlich schwerer. Es lief für sie nicht so gut in der Schule und ich erinnere mich an sehr viele Diskussionen und Streitigkeiten mit meiner Mutter. Ich war dabei immer nur

Zaungast. Generell kann man aber schon sagen, dass wir vier enger zusammengerückt sind nach dem Tod meines Vaters. Wobei ich in dieser Phase wahrscheinlich die engste Verbindung zu meiner Mutter knüpfte.

Ein kurzer Exkurs am Rande – wer die Sendung *PS Profis* kennt, weiß, dass ich mich mit der deutschen Grammatik und deutschen Sprichwörtern hin und wieder etwas schwertue. Immer ein großer Spaß für das Drehteam und die Zuschauer. Ich habe mich mit meiner unfreiwillig komischen Rolle mittlerweile arrangiert. Aber worauf ich eigentlich hinauswill, ist eine Erklärung für meine kleine Sprachschwäche: Im Alter von sieben, acht, neun Jahren wird in der Schule die Grammatik im Kopf verfestigt. Ich war zwar auf einer deutschen Schule in Südafrika, aber daheim wurde Deutsch, bei Oma Afrikaans und auf der Straße Englisch gesprochen. Meine Synapsen wurden also extrem beansprucht. Nach meinem Verständnis wurde ich genau in dieser Prägephase mit so vielen Sprachen konfrontiert, dass da einige Feinheiten der deutschen Grammatik sowie einige Sprichwörter keinen Platz mehr in meinem kleinen Gehirn fanden. Möglicherweise ist das auch völliger Quatsch, Experten auf dem Gebiet dürfen sich gerne mal bei mir melden und mich aufklären. Aber bis dahin bleibt das meine Ausrede. Zum Glück gibt es bei einem Buch einen Haufen schlauer Leute, die sich die Grammatik noch mal anschauen, bevor etwas in den Druck geht. Ein riesiger Vorteil für mich. Denn in meiner TV-Welt landet ein Versprecher eins zu eins in der Sendung – oder die Zuschauer können sich in den beliebten Outtakes daran erfreuen.

Die Zeit in Kapstadt war sehr schön und gleichzeitig wahnsinnig kompliziert. Meine Schwestern und ich waren nicht als »Mischlinge« zu erkennen und wurden von den Behörden als Weiße wahrgenommen. Meine Mutter allerdings war eindeutig »coloured« und hatte daher nicht die gleichen Rechte. Wir sind zwar nie zusammen Bus gefahren – aber das wäre auch tatsächlich nicht möglich gewesen. Denn alle »Nicht-Weißen« mussten im Bus hinten einsteigen, während »Weiße« vorne einstiegen. Die Wohnung unserer Oma war mitten in einem »Nicht-Weißen«-Viertel. Meine Schwestern und ich waren die einzigen Weißen dort. Ich muss aber sagen, dass ich keinerlei schlechten Erfahrungen gemacht habe, auch wenn ich nicht schwarz war. In der Schule gab es manchmal Irritationen – wenn meine Mutter zum Elternabend kam, dachten die Lehrer immer, sie sei meine Nanny. Mir ist nicht bewusst, ob dieser Alltagsrassismus, der zu dieser Zeit in Südafrika herrschte, meine Mutter verletzt hat. Wenn es so war, dann hat sie es vor uns Kindern immer verborgen.

Nach etwa zwei Jahren brachte meine Mutter das nächste große Opfer. Sie erkannte, dass die Perspektiven vor allem für Karin in Südafrika sehr schlecht waren. So beschloss sie, dass wir wieder nach Deutschland zurückkehren mussten. Erneut auswandern, erneut die komplette Inneneinrichtung mit einem Container übers Meer schicken. Zwei Jahre zuvor hieß es in meiner Welt: nie wieder Dortmund, nie wieder Geßlerstraße. Und jetzt sah das schon wieder ganz anders aus. Der Abschied fiel mir zum Glück leicht, weil ich wusste, dass wir immer wieder nach Kapstadt zurückkommen würden, so wie in all den Jahren zuvor. Wenn es nach mir gegangen wäre, wäre ich zwar nie im Leben aus

Südafrika weggezogen, aber ich hätte meiner Mutter nie widersprochen.

Tatsächlich sind wir wieder in die Geßlerstraße gezogen, in eine nahezu identische Wohnung. Abgesehen von mindestens vierhundertachtzig verschiedenen afrikanischen Gewürzen und Lebensmitteln haben wir unseren Hund Mino mit nach Dortmund gebracht. Mino, eine wilde Husky–Pudel–Kreuzung, war das Geschenk unseres südafrikanischen Onkels. In Kapstadt hatten wir einen entsprechenden Garten und Mino hatte viel Auslauf – das sah in Dortmund anders aus. Auch Oma war nicht länger da, um meine Mutter zu unterstützen. Also führte meine Mutter diverse Dienste für uns Kinder ein: Kehrdienst, Küchendienst, Hundedienst – um nur drei davon zu nennen.

Untereinander haben wir die Dienste immer gedealt – »Wenn du den Abwasch machst, gehe ich mit dem Hund« zum Beispiel.

Ich muss sagen, dass ich gerade in dieser Zeit gelernt habe, wie man es nicht macht. Meistens hatte ich bei den diversen Dienstdeals mit meinen Schwestern das Nachsehen. Ich übernahm beispielsweise Karins Morgendienst mit Mino, ging mit ihm Gassi und fütterte ihn. Dafür sollte Karin meinen Dienst am Abend übernehmen. Als es schließlich Abend wurde, verabschiedete sich Karin, um mit ihren Freunden abzuhängen. Mein lautstarker Protest führte zu nichts. Also musste ich auch abends mit Mino raus. Zugegebenermaßen hat es erstaunlich lange gedauert, bis ich mich von solchen schlechten Tauschgeschäften mit meinen Schwestern ferngehalten habe. Dennoch hat das System meiner Mutter prinzipiell recht gut funktioniert und wir unterstützten uns alle gegenseitig.

Selbstverständlich sehen meine Schwestern das bis heute ganz anders. Ich muss mir immer noch anhören, dass ich immer am wenigsten hätte tun müssen. Was sie dabei jedoch völlig außer Acht lassen, ist die Tatsache, dass ich schließlich der Mann im Hause war, beziehungsweise soviel Mann wie man in dem Alter sein kann. Und diese Verantwortung lag natürlich sehr schwer auf meinen schmalen Schultern. Wobei ich sagen muss, dass ich mich an diese Rolle schon sehr angepasst habe.

Meine Mutter hat immer gerne viel zu viel gekocht und macht das auch bis heute noch so. Meine Schwestern und ich brachten dann vor allem mittags immer unsere Freunde mit. Es gab vermutlich kaum ein Kind aus dem Viertel, das nicht mal mittags bei Hoffmanns südafrikanisch gegessen hat.

An einem Wochenende – wir waren bereits wieder einige Jahre in Deutschland – suchte ich roten Pfeffer und konnte ihn nicht finden.

»Mama!«

Keine Reaktion.

»Mama!«

»Was willst du?«

»Ich kann den roten Pfeffer nicht finden!«

»Suchst du halt!«

Nicht die Antwort, die ich hören wollte, aber gut. Ich öffnete den Gewürzschrank. Ihr könnt euch nicht vorstellen, wie es da drin aussah. Gewürze völlig durcheinander, so weit das Auge reichte. In Südafrika hat meine Mutter jedes Mal alles mitgenommen, was sie in die Finger bekommen konnte, und nach Deutschland verfrachtet. Anstatt vorher zu schauen, was man im Bestand hatte, und dann nur das zu besorgen, was man brauchte, wurde einfach alles aufgekauft und mitgebracht.

Dieses Import-System führte dazu, dass ich mich an jenem Tag in unserer Küche durch Berge historischer Gewürze grub. Gewürze aus der Zeit, in der mein Vater noch lebte. Ich verbrachte mit Sicherheit über eine Stunde damit, die Gewürze alphabetisch und nach Datum zu sortieren. Als ich damit fertig war, fing ich an, den Kühlschrank zu sortieren. Auch hier nach Produktgruppe und im Zweifel Haltbarkeitsdatum. Im Kinderzimmer vermisste ich diesen Sortierungsdrang lustigerweise immer, aber in der Küche hatte das ganze schon *Monk*-artige Züge. Keine Sorge, es hat nicht lange gedauert, bis sich das wieder legte.

Mit solchen Sortieraktionen konnte ich natürlich Pluspunkte bei meiner Mutter sammeln. Sie war zwar nicht mehr so streng wie zu der Zeit, als mein Vater noch lebte, aber immer noch strenger als die meisten anderen Eltern. Wahrscheinlich ist dies aber immer die Ansicht des jeweils betroffenen Kindes.

Das Schlimmste war für mich, wenn meine Mutter uns gezielt ignorierte. Wenn wir irgendeine Scheiße gebaut haben, die sie richtig aufregte, schimpfte sie und dann ignorierte sie uns – oder mich. Das Fatalste, was man in einer solchen Situation machen konnte, war, sie zu korrigieren. Dann gab es so richtig Kasalla. Meine Mutter hat bis heute einen Akzent und tat sich schon immer mit den deutschen Artikeln schwer. Einmal war sie gerade richtig schön am Schimpfen und mir rutschte ein »Der Ball« raus.

»Was?!«

»*Der* Ball, nicht *die* Ball.«

Absolut keine gute Idee, das brachte Mama erst richtig auf die Palme – und nach dem Schimpfen wurde geschwiegen. Für mich war das tatsächlich die härteste Strafe. Ich war und bin ein sehr harmoniebedürftiger Mensch und versuche eigentlich immer, Streit oder Missstimmung aus dem Weg zu gehen. Logischerweise kann das nicht immer gelingen und Menschen versuchen oft, meine harmoniebedürftige Art auszunutzen. Aber es ändert nichts daran.

Damals dauerte das »silent treatment« meiner Mutter zum Glück nie allzu lange an.

Meine Mama hatte zum Teil auch einen sehr trockenen Erziehungsstil. Als ich etwa sechzehn Jahre alt war, kam ich eines Tages von der Schule nach Hause. Damals wie heute habe ich die Angewohnheit, meine Klamotten auszuziehen und in etwas Bequemeres zu wechseln. Ich trage zu Hause quasi nie die gleichen Klamotten wie draußen. Ich kam also nach Hause, zog meine Klamotten aus und legte sie auf dem Weg in mein Zimmer fein säuberlich auf die Couch.

»Pack die Klamotten weg!«

Meine Mutter konnte nicht verstehen, dass ich die Klamotten hier nur kurz zwischenparken wollte.

»Ja, mach ich gleich.«

Mir ist bis heute nicht so ganz klar, warum ich die Klamotten nicht gleich mit in mein Zimmer genommen habe. Ich war ja ohnehin auf dem Weg dorthin.

»Sidney, nimm die Klamotten von der Couch oder ich werfe sie runter.«

Wo soll sie die denn hinwerfen, dachte ich bei mir.

»Jaha, Mama, gleich. Ich räum sie gleich weg.«

Mamas Drohung wurde von mir einfach nicht ernst genommen. »Ich habe es gesagt, ich werf sie jetzt aus dem Fenster!«

»Ich komm doch gleich wieder!«

Ich zog in meinem Zimmer die Jogginghose an und machte das Fenster auf. In dem Moment sah ich mein T-Shirt etwas unterhalb von mir vorbeiflattern. Ich rannte ins Wohnzimmer. Da stand meine Mutter und warf ein Kleidungsstück nach dem anderen aus dem Fenster.

»Nein! Mach das nicht, da ist Geld drin!«

Zu spät, meine Jeans wurde ebenfalls auf die luftige Reise geschickt. Für mich war das eine hochdramatische Situation. Zum einen, weil das meine neuen, coolen Klamotten waren, zum anderen, weil sich mein gesamtes Taschengeld noch in den Hosentaschen befand.

Ich rannte die sechs Stockwerke nach unten und machte mich sofort auf die Suche nach meiner Hose. Mein Pullover hatte sich in einem Strauch verfangen. Natürlich beobachtete der ganze Block die Aktion und einige Kumpels eilten mir sofort zu Hilfe. Ich fand meine Hose, aber von den drei Fünf-Mark-Stücken nur noch eines. Zehn Mark! Das muss man sich mal vorstellen!

Einer der Jungs, Manuel, fand eines der fehlenden Fünf-Mark-Stücke. Er brachte es mir und sagte mit großen Augen: »Sei froh, dass nicht mehr passiert ist.«

Wie recht er doch hatte.

Die anderen fünf Mark blieben verschwunden und somit musste ich das Parken meiner Klamotten bitter bezahlen. Von diesem Zeitpunkt an legte ich nie wieder meine Klamotten auf die Couch. Mittlerweile lasse ich sie leider manchmal wieder im Eingangsbereich liegen. Zum Glück kam meine Freundin Leo noch nicht auf die Idee, die Sachen aus dem Fenster zu werfen. Und falls sie genau jetzt darüber nachdenkt: Wir wohnen ja nicht im sechsten Stock, von daher würde es sich gar nicht lohnen.

Ich lebte noch vergleichsweise lange bei meiner Mutter. Irgendwann gründeten wir eine Art WG, was interessanterweise sehr gut funktioniert hat. Auch heute ist unser Verhältnis einwandfrei. Was ganz neu für mich ist, ist, dass sie jetzt, da ich mittlerweile doch auch schon achtunddreißig bin, sogar ab und zu mal auf mich hört. Es hat zwar etwas gedauert, aber ich konnte meine Stellung als Mann in der Familie Hoffmann dann doch behaupten.

Meine Mutter ist trotz dieser öffentlichen Enteignung meine absolute Heldin und mein Vorbild. Trotz der schweren Schicksalsschläge und den großen Schwierigkeiten alleine mit drei Kindern hatte ich nie ein Gefühl der Unsicherheit oder dass mir irgendetwas fehlte. Wenn ich mal nur ein halb so guter Vater werde, wie sie meine Mutter war, kann ich mich sehr glücklich schätzen.

Einstiegsdroge Moped

Mit sechzehn Jahren hatte ich die Chance, aus der passiven Tuningleidenschaft – die, wenn wir mal ehrlich sind, nur auf Lego-Umbauten beruhte – eine aktive werden zu lassen.

Meine Mutter war zwar grundsätzlich dagegen, aber erlaubte mir letztendlich doch, den Führerschein für eine 80er zu machen. Bedingung war, dass ich den Führerschein und auch das Motorrad selbst bezahlte.

Ich trug schon eine ganze Weile Zeitungen aus und hatte mir dadurch etwas angespart. Zusätzlich dazu räumte ich am Wochenende im Supermarkt Regale ein. Allerdings fehlte mir noch die eine oder andere Mark. Not macht erfinderisch, sagt man ja immer ...

Wenn ich mich richtig erinnere, war das Rauchen damals in der Schule zwar nicht offiziell erlaubt, wurde aber in sogenannte Raucherecken toleriert – zumindest bei den Schülern, die nach dem Gesetz alt genug waren. Damals durfte man bereits mit sechzehn rauchen. Von diesem Laster bin ich zum Glück verschont geblieben. In jeder kleinen Pause rannten die Raucher die Treppe hinunter zur Raucherecke und pafften eine, besonders hektische Kollegen sogar zwei Kippen weg. Interessanterweise hatten erstaunlich viele Raucher oft keine Kippen dabei und schnorrten die anderen an. In dem Alter ging es dabei um nicht wenig Geld: Ich beobachtete, wie die angeschnorrten Raucher mindestens kritisch dreinschauten und auch oftmals keine Kippe rausrückten. Das Skurrile an der Sache war, dass es gegenüber von der Schule einen Kiosk gab, an dem man Zigaretten kaufen konnte. Aber die Schnorrer waren entweder zu faul oder nicht vorausschauend genug, um sich dort rechtzeitig ihre Kippen zu kaufen. Gut, in den kurzen Pausen blieb dafür auch kaum Zeit. Und in den großen Pausen war die Schlange meistens sehr lang – vom Kaffee bis zur bunten Tüte wurde dort alles Mögliche gekauft.

So kaufte ich mir eines Tages eine Schachtel Zigaretten und versteckte sie sogleich im Bund meiner Hose. Erwischen lassen durfte man sich nämlich auf keinen Fall, schon gar nicht als Fünfzehnjähriger. Daheim musste ich sie vor meiner Mutter verstecken – ich bezweifle, dass sie mir geglaubt hätte, dass ich nicht rauchte – und in der Schule vor den Lehrern. Insgesamt also ein riskantes Unterfangen.

Dann ging ich in den Pausen in die Raucherecke und wartete darauf, dass wieder mal einer auf der Suche nach Zigaretten war. Ich musste keine zehn Sekunden warten. Ich verkaufte ihm eine Kippe für fünfzig Pfennig.

Man muss bedenken: Einkaufspreis plus Gewinn plus Gefahrenzulage. Zu meiner Überraschung waren alle total dankbar für meinen Service. Ich habe schnell kapiert: Die Nachfrage bestimmt den Preis. So stieg der Preis pro Zigarette nach und nach auf eine Mark an. Das muss man sich mal vorstellen! Eine Mark pro Zigarette. Wobei, wenn man sich anschaut, was eine Schachtel Kippen heute kostet, war ich meiner Zeit einfach nur ein kleines bisschen voraus. Das Zigarettengeschäft lief jedenfalls sehr gut und es gelang mir, nie erwischt zu werden.

Mit meinen drei Jobs – Regale einräumen, Zeitungen austragen und Zigarettenhandel – hatte ich die Kohle genau rechtzeitig zu meinem sechzehnten Geburtstag zusammen. Die damaligen Objekte der Begierde für jugendliche Benzinköppe waren Aprilia RS und natürlich Cagiva Mito. Die Mito war ein Nachbau oder zumindest vom Design her sehr nah an einer Ducati 748 – für jeden Motorradfahrer ein absolutes Traum-Bike. Die Duc hing tatsächlich als Poster auch über meinem Bett. Wer sich Aprilia und Cagiva nicht leisten konnte, der gehörte zur Fraktion der Suzuki-RG-80-Gamma-Fahrer. Zu dieser musste ich mich aus finanziellen Gründen leider auch zählen. Die RG 80 war nicht nur billiger, sie war vor allem hässlicher und langsamer als die italienische Konkurrenz. Ein 10 PS starker Einzylinder-Zweitaktmotor kämpfte mit rund 95 Kilogramm Leergewicht. Die Leistungsdaten waren ehrlich gesagt nicht schlecht, aber gegen Aprilia und Cagiva chancenlos. Dem musste ich selbstverständlich entgegentreten.

Ich verbrachte daraufhin sehr viel Zeit in Tankstellen, denn dort lagen damals wie heute die ganzen Auto-, Motorrad- und Tuningfachzeitschriften aus. Ich blätterte immer so lange durch die Zeitschriften, bis ich dazu aufgefordert wurde, das Magazin auch zu bezahlen. Das wollte ich natürlich auf keinen Fall.

»Ja, gleich! Ich muss nur schauen, ob das auch die Richtige ist!«, war meine Standardausrede.

Durch die Zeitschriften lernte ich die große Bedeutung des CW-Wertes kennen. Strömungswiderstandskoeffizient »CW« ist gleich Widerstandskraft geteilt durch Staudruck mal Referenzflächeninhalt – alles klar, oder? Verständlich ausgedrückt geht es um den Luftwiderstand eines Objektes wie eines Autos oder Motorrads. Ein Bus hat einen schlechteren (also höheren) Luftwiderstand als ein Porsche (mit niedrigerem Luftwiderstand). Je geringer der CW–Wert, desto schneller war man. Jedenfalls war das meine damals schlüssige Logik. Damit meine RG 80 konkurrenzfähig werden würde, besorgte ich mir dementsprechend einen Bugspoiler und kleine Blinker. »Luftwiderstand, Jungs, Luftwiderstand!«, war mein fachmännischer Kommentar, als meine Kumpels die Umbaumaßnahmen begutachteten. Im folgenden Praxistest musste ich aber leider feststellen, dass ich gegen meine Feinde Mito und Aprilia RS 125 immer noch keine Chance hatte. Und was noch frustrierender war: Ich war auch nicht wirklich schneller als andere RG-80er. Es musste also zu drastischeren Mitteln gegriffen werden!

Die Maschinen waren alle gedrosselt, damit man die für den Führerschein zugelassene Höchstgeschwindigkeit von 80 km/h nicht überschreiten konnte. Unter anderem wurde das durch Maßnahmen im Auspuff erzielt. Dementsprechend besorgte ich mir eine andere Abgasanlage.

Im Tunnel klang die Suzuki jetzt schon ganz gut, jedenfalls deutlich besser als zuvor. Und andere RG-80-Mopeds hatten gegen mein Geschoss jetzt eindeutig das Nachsehen. Ehrlich gesagt sah die Maschine immer noch schlechter aus als Aprilia und Cagiva und sie war auch noch immer langsamer, aber immerhin hatte ich für einige Tage die schnellste Gamma im Block.

Es ist nun wahrlich kein großes Geheimnis, dass 125-iger-Fahrer bis heute an ihren Bikes schrauben und versuchen, irgendwie schneller zu werden. Ich würde sogar behaupten: Wenn man zehn 125-iger durchcheckt, kommen neun davon locker über die 80-km/h-Grenze. Heutzutage geht das meistens über eine elektronische Drossel: Kabel durchschneiden und freie Fahrt. Zu meiner Zeit musste man schon ein bisschen schrauben und neue Hardware einbauen, so wie ich es eben mit meiner Abgasanlage getan habe. Mit viel gutem Willen und etwas Spucke kratzte ich so laut Tacho an den 120 km/h. Einer meiner »Feinde« wurde aber recht kurz nach meiner Tuningmaßnahme von der Polizei rausgezogen. Klar war seine Drosselung raus. Tatbestand »Fahren ohne Betriebserlaubnis« – das hatte nicht nur zur Folge, dass man seinen 80er-Führerschein für einige Zeit los war, sondern auch, dass man seinen Kfz-Führerschein erst später oder auf unbestimmte Zeit nicht machen durfte.

Ich bin ehrlich gesagt nicht sicher, ob das der damalige Strafenkatalog tatsächlich hergab oder ob das nur eine Legende unter uns harten Jungs war. Mir jedenfalls wurde die Sache damit zu heiß. Für nichts in der Welt wollte ich riskieren, meinen Autoführerschein nicht machen zu können. Zum Glück hatte ich die originale Abgasanlage noch und tauschte gleich am selben Tag die Anlagen aus.

Dadurch lernte ich eine weitere ganz wichtige Lektion des Tunings: Behalte immer, immer, immer die Originalteile. Dann kannst du immer wieder, egal aus welchen Gründen, zurückbauen – oder gegebenenfalls die Tuningteile einzeln verkaufen. Das bringt in der Regel mehr Kohle ein, als wenn man alles zusammen verkauft.

Die Suzuki RG 80 Gamma war also meine Einstiegsdroge ins Tuning. Auch wenn Bugspoiler und Blinker luftwiderstandstechnisch keinen Unterschied machten, meine Gamma stach unter den anderen heraus. In der kurzen Zeit der umgebauten Abgasanlage klang keine andere Gamma so böse wie meine. Das war einfach ein geiles Gefühl. Etwas

Besonderes zu haben, etwas was sonst keiner hatte. Und ich hatte es mit meinem Geld bezahlt und mit meinen eigenen Händen zusammengeschraubt. Durch die mit Gewinn verkaufte Abgasanlage stellte ich noch etwas fest: Mit Tuningteilen konnte man Geld verdienen.

Männerfreundschaft

Für viele ist dieses Kapitel bestimmt schon von vornherein interessant. Ich kann mir vorstellen, dass so mancher Leser das Buch sogar zuerst an dieser Stelle aufschlägt. Die lange Freundschaft zu Jean Pierre ist schließlich ein großer Teil meines Lebens, wir sind unsere Karrieren zusammen angegangen und haben auch unsere Sendung lange Zeit gemeinsam gerockt. Jean Pierre war mir ein sehr guter Freund und ein absolut cooler Kollege. Aus diesem Grunde respektiere ich ihn auch nach dem Ende unserer Freundschaft noch und möchte mit dem Thema keine Sensationslust befriedigen.

Natürlich verstehe ich auch, dass viele Fans einfach ein freundlich gemeintes Interesse an dem Thema haben. Und es gab ja auch schöne Momente, wie in unserer Kindheit, von denen ich gerne berichte.

Jean Pierre und ich haben uns kennengelernt, als ich circa fünf Jahre alt war. Wir gingen zwar auf unterschiedliche Schulen, aber er war ebenfalls ein Junge vom Block aus der Geßlerstraße. So wurden wir Jungs aus der Nachbarschaft, die zusammen spielten. Jean Pierre saß auch immer wieder mit am Tisch, wenn meine Mama mal wieder viel zu viel Essen gekocht hat.

Durch meine zwei Jahre in Südafrika hatten wir uns aus den Augen verloren und so erstmal keinen Kontakt mehr. Erst mit sechzehn, siebzehn trafen wir uns dann wieder – im legendären Soundgarden.

In Dortmund gab es für Jugendliche damals nicht besonders viele Optionen, deswegen war eigentlich klar, dass man sich früher oder später im Soundgarden begegnete. Hier haben einige Generationen ihre Partys gefeiert, Biere getrunken, Mädels abgecheckt. Leider wurde dieses Stück Dortmunder Partykulturgut 2014 abgerissen.

Damals durfte man bis 22 Uhr in die Jugenddisko. Gut für uns war, dass die Türsteher nach 22 Uhr nicht einfach alle Unter-achtzehn-Jährigen rausgeworfen, sondern Stichproben gemacht haben. Mit zwei, drei Tricks konnte man denen entgehen. Und selbst wenn sie einen erwischt haben, war die Reaktion glimpflich – oder zumindest viel ungefährlicher, als wenn meine Mama das gewusst hätte.

An einem Samstagabend war ich mit ein paar Kumpels im Soundgarden und wir haben versucht, mit möglichst coolen Klamotten und zusammengekniffenen Augen – kennt ihr noch die BiFi–Werbung? – Mädels zu beeindrucken. Wir standen an der Bar und haben Mixery getrunken. Diese Mischung aus Bier und Cola aus der Dose war damals ganz neu und das absolute Trend-Getränk. Ich wurde beim Mädels-Abchecken unterbrochen, als Jean Pierre sich an mir vorbei drückte, um an der Bar zu bestellen.

»Ey, Jean Pierre!«

Er drehte sich um.

»Altobelli – Sidney aus der Geßlerstraße?«

»Ja, Mann!«

»Scheiße, Alter – hab ich dich lange nicht mehr gesehen. Hab gehört, dass du wieder aus Südafrika zurück bist.«

»Ja, schon lange, sechs Jahre oder so!«

Wir kamen ins Gespräch und es wurde schnell klar, dass wir sehr ähnliche Interessen hatten: Er teilte meine

Leidenschaft für alles, was schnell, tief und laut war. Ich schätze mal, dass sehr viele Jungs in dem Alter auf die Kacke hauen wollen. Tuningköppe wollen auf die Kacke hauen, egal wie alt sie sind. Also erzählte ich Jean Pierre, dass ich jedes Auto nur am Sound erkennen konnte. Er behauptete, dass er das nicht nur genauso könne, sondern mit Sicherheit sogar noch besser als ich. Die Wette galt.

Einer meiner Lieblingsplätze war an der Gartenstadt direkt an der Stadtautobahn B1. An dieser Stelle konnte man schon von weitem die heranfahrenden Autos hören, noch lange bevor man sie sah. Zwar sind an der Passage nur 80 km/h erlaubt, aber unter 120 sind die wirklich interessanten Autos nie da durchgeflogen. Jetzt ist der Ruhrpott nicht unbedingt dafür bekannt, dass hier so zahlreiche krasse Karren unterwegs sind. Aber was man hier am Wochenende alles sehen konnte, war schon nicht von schlechten Eltern: BMW M3, Mercedes AMG, Porsche, Ferrari, manchmal auch Lamborghini, GTis, Ducatis, Kawasaki Ninjas – hier war eigentlich alles dabei.

Ich habe damals unheimlich viel Zeit damit verbracht, Autos einfach nur am Sound zu erkennen. Wenn die Schule aus war, hab ich mich auf mein Moped gesetzt und bin einfach durch die Gegend gefahren. Wenn ich dann keinen Bock mehr hatte, habe ich dort gehalten und den Autos zugehört. Das war meine Stressbewältigung im furchtbaren Schüleralltag.

Kurze Zeit später, nachdem wir uns im Soundgarden wiedergetroffen hatten, fuhr ich zusammen mit Jean Pierre zu besagtem Platz. Ich weiß ehrlich gesagt gar nicht mehr, wer am Ende des Tages tatsächlich mehr Autos richtig erkannt hat. Und darum geht es auch gar nicht – wir hatten einfach eine gute Zeit zusammen. Wir haben dort fast den ganzen Tag verbracht, Autos und Motorräder erraten und auf allerhöchstem Niveau gefachsimpelt. Von da an haben wir uns wieder recht oft getroffen und zusammen abgehangen.

Obwohl ich mich mit Jean Pierre immer gut verstanden habe, hatten wir damals auch ein gewisses Konkurrenzdenken. Ich habe ja schon erwähnt: Echte Tuner wollen immer was Besonderes haben, wollen sich absetzen von der breiten Masse und cooler sein als ihre Freunde – eben auf die Kacke hauen. Diese Denkweise führte einige Jahre später auch dazu, dass wir gemeinsam unsere Tuningfirma Five Star Performance gründeten. Wie das genau gekommen ist, darauf werde ich später noch eingehen. Uns verband damals unmittelbar, dass wir beide keine Kohle hatten, aber unbedingt die schnellsten Motorräder und Autos fahren und haben wollten. Diese Leidenschaft hat uns zusammengeschweißt.

Ich werde oft gefragt, wo ich denn meinen Kumpel Jean Pierre gelassen habe. Durch unsere gemeinsame Sendung haben die Leute und Fans den Eindruck, wir würden Tag und Nacht miteinander verbringen. Ich kann euch versichern, das war nie so und wird auch in Zukunft nicht sein. Aber das ist völlig in Ordnung.

Während wir einige Jahre zusammen Five Star Performance gemacht haben, kam es eben so, dass wir uns unterschiedlich entwickelt und verschiedene Ziele hatten. Wir haben beide einen ausgeprägten Willen und mögen es, dass die Dinge so laufen, wie wir sie eben jeweils im Kopf haben. Das geht mit zwei Kapitänen am Steuer nicht immer reibungslos – und auf lange Sicht auch sonst nur selten gut. Die logische Konsequenz war, dass wir uns beruflich trennten und von da an jeder seinen eigenen Weg ging. Er hat seine eigene Firma aufgemacht, ich habe das gleiche getan. Jeder, der etwas von Tuning versteht, sieht, dass wir einen sehr unterschiedlichen Style haben. Dementsprechend ziehen wir auch einen unterschiedlichen Kundenkreis an. Wir hatten eine Freundschaft, waren zusammen sehr erfolgreich mit der Firma und gehen jetzt eben friedlich getrennte Wege. Ich hatte euch ja vorgewarnt, dass es hier keine skandalöse Enthüllung geben wird. Wir sind einfach nur zwei Typen, die eine Zeit lang zusammen auf einer Straße unterwegs waren und jetzt auf unterschiedlichen Straßen ihr Ding durchziehen.

Mein erstes Auto

Nicht Ferrari, nicht Lamborghini, nicht Porsche war mein absolutes Traumauto in Teenie-Jahren. Nein, für mich war ein Golf 3 VR6 Highline das Maß aller Dinge.

Das wird vermutlich viele von euch stutzig machen, aber es war zum einen ein realistisch erscheinendes Ziel und zum anderen hatte Karins damaliger Freund Luigi einen solchen Golf. Sechs Zylinder – Hammer Sound, Alufelgen, tiefer gelegt. Er hatte ihn sich 1994 geholt, als ich fünfzehn Jahre alt war. Ich war hin und weg und wollte unbedingt auch so einen haben.

Meine Mama finanzierte mir und meinen Schwestern den Führerschein. Karin hatte daran kein Interesse, aber ich habe meinen so früh wie möglich gemacht und musste dann noch zwei Monate warten, bis ich achtzehn war und ihn abholen durfte. Was offensichtlich noch fehlte, war das passende Kraftfahrzeug.

Freitagnachts kam immer der Reviermarkt raus, eine Zeitschrift, in der Leute Anzeigen schalteten. Sozusagen das mobile AutoScout dieser Zeit. Ich schaute immer, dass ich einer der Ersten war, der sich den Reviermarkt besorgte, quasi druckfrisch. Dann suchte ich in den Seiten hektisch nach meinem bezahlbaren Traumauto. Es dauerte auch nicht lange und dann fand ich den perfekten Wagen für mich: Golf 2 GT, 90 PS, blau, Alufelgen, Sportfahrwerk, dicke Stoßfänger. Sechstausend Mark. Eine Anzeige wie ein Gedicht!

Nur einen kleinen Schönheitsfehler hatte die Geschichte: Sechstausend Mark waren für mich einfach zu viel. Aber gut, ich musste das Auto ja erst mal sehen. Gucken kostet ja nichts.

Das Auto stand in Unna, also direkt ums Eck. Zusammen mit meinem Kumpel Toljan fuhr ich nach Zubrücken. Toljan war aus einer gaskranken Familie. Er und sein Bruder Nuri hatten insgesamt vier Autos, darunter einen Corrado VR6 – die Jungs waren die »big player« in unserer damaligen Szene. Ihn nahm ich also mit, denn er hatte Ahnung.

Ich erinnere mich noch ganz genau, wie wir in die Straße eingebogen sind und ich den Golf da stehen sah. Ich wusste sofort: Das ist er, der Golf aus der Anzeige! Wir fuhren vor und klingelten. Ein Mann in den Mittvierzigern öffnete uns mit kritischer Miene die Türe. Toljan begann sofort, den Besitzer auszufragen.

Ich bekam davon nur herzlich wenig mit. In meinen Gedanken sah ich mich hinterm Steuer des Golfs, auf dem Weg zur Schule, vor meinen Kumpels, vor den Mädels. Ich malte mir eine kunterbunte, wundervolle Welt aus, in der ich mit diesem Golf 2 GT in blau, mit Alufelgen und tiefer gelegt, alles nur Vorstellbare erreichen würde.

»Ist okay.«

Toljan stieg wieder in seinen Corrado und spielte mit dem Gas.

»Alter, der sieht doch megageil aus!«

Ich war voller Euphorie.

»Ja, sieht ganz gut aus. Aber sechs Mille is' viel!«

»Ja, aber das ist er auch echt wert.«

Ich musste diesen Golf haben. Genau diesen. Ich war hoffnungslos verliebt. Und außerdem: Mein Traumauto war der Golf 3 VR6. Mit einem Golf 2, dachte ich mir, war ich ja kurz vor einem Golf 3. Und wenn ich dann einen Golf 3 hatte, war der VR6 nicht mehr weit. Ich musste die Kohle so schnell wie möglich auftreiben.

Meine erste Anlaufstelle war natürlich meine Mutter. »Wenn du meinst, du musst so ein Auto fahren, dann musst du es auch selbst bezahlen.«

Mit der Antwort hätte ich rechnen müssen. Aus heutiger Sicht hatte sie natürlich völlig recht. Aber damals fühlte es sich so an, als hätte sich alle Welt gegen mich verschworen.

Aber nichts konnte mich entmutigen. Ich musste an Geld kommen und zwar so schnell wie möglich. So lag ich in meinem Bett und grübelte: Ich trug bereits Zeitungen aus und räumte Regale ein. Während ich überlegte, fiel mein Blick auf meine Ü-Eier-Figuren. Ich sammelte sie bereits seit Jahren und bewahrte komplette Sets fein säuberlich in beschrifteten Schuhkartons auf. Die konnte ich doch bestimmt verkaufen! Dazu noch meine Comics und meine Trading Cards ...

Ihr merkt, ich hatte damals schon einen Hang zum Sammeln – böse Zungen behaupten ja, ich sei ein Messie. Aber ich kann nur sagen: Zum Glück sammelte ich so fleißig, denn für einen Karton mit sämtlichen Schlümpfen bekam ich sage und schreibe achthundert Mark! Stellt euch mal vor, was die heute wert gewesen wären ... na ja, man muss Opfer bringen.

Als nächstes rief ich den Filialleiter an und flehte ihn an, mir in der nächsten Zeit mehr Schichten zu geben. Er lehnte zwar zunächst ab, aber als ich ihm erzählte, warum ich unbedingt Geld brauchte, lenkte er ein. Autobegeisterte Männer eben. Egal welche Kultur, welches Alter, welcher gesellschaftliche Stand: Wenn es um Autos oder die Leidenschaft für Autos geht, hält man zusammen!

Bevor ich zur Schule ging, machte ich die Frühschicht, nach der Schule dann die Spätschicht. Das ging zwar nicht jeden Tag, aber ich nahm einfach jede Gelegenheit wahr, die er mir bot. Zusätzlich fuhr ich mit meinem Chef samstagmorgens um fünf zum Großmarkt, um ihm bei den Obsteinkäufen zu helfen. Danach fuhr ich mit in den Supermarkt und arbeitete entweder im Getränkemarkt oder machte die Kasse bis nachmittags.

Ich verkaufte sogar meine 80er. So häufte sich nach und nach die Kohle an. Freitagnachts rannte ich panisch zum Bahnhofskiosk, um im Reviermarkt zu checken, ob der Golf noch annonciert war. Außerdem fuhr ich immer wieder hin und begutachtete ihn fachmännisch von allen Seiten. Bestimmt sechs Mal war ich dort. Der Verkäufer war schon völlig genervt. Aber das Gute war, dass er offensichtlich keinen anderen Käufer fand.

Jede freie Minute, die mir blieb, hing ich bei Toljan und seinem Bruder Nuri ab. Ihre Familie betrieb eine Imbissbude direkt gegenüber von einem kleinen Tuningladen. Im Hinterhof wurde an den Autos geschraubt, tiefsinnige Gespräche geführt und übers Tuning philosophiert. Ich beobachtete die beiden beim Schrauben und konnte so den einen oder anderen Trick aufschnappen. Und völlig planlos war ich auch nicht, ich hatte ja bereits etwas Erfahrung vom Schrauben an meiner Suzuki.

Dazu gab es eine große Tuninggemeinschaft, die man Wall-Szene nannte. Durch Dortmund geht ein Verkehrsring: der Wall. An den Wochenenden war das der absolute »place to be« für alle Benzinköppe. Wer tunte und was auf sich hielt, war jedes Wochenende hier. Und als 80er-Pilot und damit zur nachwachsenden Generation gehörend war ich natürlich mittendrin. Dort wusste man, der Golf 2 hatte dieses Problem, der andere hatte jenes Problem. Ich war mir ziemlich sicher, dass mir so schnell keiner was vormachen konnte und ich mich in Sachen Golf 2 richtig gut auskannte. So gute Recherchemittel wie zum Beispiel den TÜV-Bericht oder so brauchte ich überhaupt nicht.

Und dann kam endlich der große Tag. Ich hatte die sechstausend Mark bar in der Tasche, nachdem ich wochenlang gearbeitet hatte wie ein Besessener und beinahe alles verkauft hatte, was ich besaß.

Wieder war Toljan dabei. Der Besitzer wollte direkt losschimpfen, als er die Tür öffnete und sah, dass ich schon wieder da war. Aber ich drückte ihm direkt die sechstausend Mark in die Hand. Verhandeln wäre zwecklos gewesen. Nachdem ich sooft da war und der Verkäufer meine Verliebtheit erkannt hat, wäre ein einfaches NEIN gekommen. Ich verschwendete nicht mal die Zeit, mir das Auto nochmals anzuschauen. Der Wagen war immerhin noch angemeldet, dementsprechend hätte der Typ jederzeit damit herumfahren und irgendwelche Schäden verursachen können. Aber das war mir alles egal, ich wollte unbedingt sofort dieses Auto haben.

Ich rate an dieser Stelle ganz, ganz dringend davon ab, sich auf diese Art und Weise ein Auto zu kaufen! Ich hatte damals einfach nur Glück, dass das Auto tatsächlich gut war und der Besitzer keine fiesen Sachen abgezogen hat. Verliebt euch erst nach dem Kauf in ein Auto. Auf keinen Fall davor! Und wenn ihr merkt, dass ihr nicht neutral seid, nehmt einen Freund mit, der sich auskennt – und hört dann auch auf ihn! Was man auch immer machen kann, ist, bei der Probefahrt mal zum TÜV, ADAC, zur Dekra oder KÜS zu fahren und den Wagen anschauen zu lassen. Das kostet zwar eine Kleinigkeit, aber das ist in der Regel gut investiertes Geld. Erfahrene Gebrauchtwagenhändler können Verliebtheit auch riechen. Die haben auf dem Gebiet ganz viel Erfahrung und wissen, sobald ihr bei denen auf den Hof lauft, ob ihr die

Bauchkäufer seid oder ruhig und überlegt an die Sache rangeht. Die gute Nachricht ist: Man kann das lernen – selbst ich habe es über die Jahre gelernt.

Ich setzte mich also hinters Steuer meines ersten Autos, meines Golf 2 GTs mit 90 PS, Alufelgen, dicke Stoßfänger und gemachter Abgasanlage. Ich platzte vor Stolz und Freunde und fuhr einfach nur wie ein Geisteskranker in der Gegend herum, ohne jegliches Ziel. Außerdem hatte ich meine Kamera dabei, mit mehreren APS-Filmen. Ich machte bestimmt tausend Bilder von dem Auto. Auf der Straße, am Parkplatz, an einem Baum, mit mir, mit meinen Freunden, von unten, von oben, von allen Seiten und Winkeln. Dabei muss ich wohl unter einer heftigen körpereigenen Glücksdroge gestanden haben, denn es war kein einziges brauchbares Bild dabei, alles unscharf und unter- beziehungsweise überbelichtet …

Mein wahnsinnig strategischer Plan, wie ich letztlich zu meinem Golf 3 VR6 Highline kommen wollte, ist natürlich nicht aufgegangen, auch wenn ich ihn dann Jahre später tatsächlich gekauft habe. Luigi hat seinen leider richtig fertiggemacht und runtergefahren. Als ich den Wagen von ihm kaufte, hatte er über zweihunderttausend Kilometer auf der Uhr. Dementsprechend hatte ich nicht allzu viel Spaß damit.

Wenn jemand einen hat oder einen kennt, der einen hat, bitte Bescheid geben. Nach dem Traumauto meiner Jugend im entsprechenden Zustand suche ich heute noch. Jetzt zwar einfach vom Bett aus mit dem Handy – aber gäbe es diese Möglichkeit nicht, könntet ihr freitagnachts zusehen, wie ich mir am Kiosk am Hauptbahnhof den Reviermarkt sichere.

Mein Golf soll schöner werden, Teil 1

Ich bin mir nicht mehr ganz sicher, ob ich eine Woche oder zwei Wochen mit meinem Golf GT durch Dortmund gefahren bin, bevor in mir das Gefühl aufkam, dass ich ganz, ganz dringend etwas an ihm verändern musste. Ein Gefühl, das jeder Tuner kennt. Meistens weiß man schon vor dem Kauf eines neuen Fahrzeugs, was man ändern will. Aber in diesem Fall hatte der Vorbesitzer ja bereits ein wenig Tuning betrieben. Das allerdings reichte mir schon bald nicht mehr.

Es kann natürlich auch daran liegen, dass man einfach in eine Szene rutscht. Das fängt an, sobald man eine 80er hat und geht dann nahtlos mit dem ersten Auto weiter. Ich musste mit meinen Schichten im Supermarkt etwas pausieren, weil ich ja die letzten Monate so viel arbeiten durfte, um mir den Golf zu kaufen.

Dadurch verbrachte ich noch mehr Zeit bei Toljan und Nuri. Die waren eigentlich immer am Schrauben, Austauschen und Tunen. Und dabei war klar: Wenn sie ein neues Teil dranschraubten, blieb ein altes übrig. Das wiederum konnte man dann recht günstig schießen. Der Hinterhof der beiden bot also gleich beides: Man konnte die Faszination miterleben und gleichzeitig vergleichsweise günstig bei der Droge Tuning einsteigen. Ihr merkt schon, da entwickelte sich ein Teufelskreis, und aus dem komme ich bis heute nicht raus.

Sehr cool von den beiden war, dass ich bei ihnen in Raten zahlen konnte. So wurde die finanzielle Not des jungen Tuners

Sidney etwas aufgefangen. Ich kam wie gesagt etwa zwei Wochen nach dem Kauf meines ersten Autos auf die Idee, dass der mit anderen Felgen noch schicker aussehen würde. Toljan hatte gerade Powertech Felgen von seinem Corrado runtergeschraubt und sich was neues und oberfettes besorgt. 8,5 x 15 auf der Vorderachse und 9,5 x 15 auf der Hinterachse auf einem Golf 2 GT – das hatte die Welt noch nicht gesehen!

So lautete jedenfalls meine naive, aber feste Überzeugung. Ich musste diese Felgen auf meinem Golf haben, denn damit würde ich noch individueller sein, als ich ohnehin schon war. Ich sprach mit Toljan und er gab mir die Felgen zu einem guten Preis – schließlich hatte er bereits seine neuen und die alten waren totes Kapital. Wir wurden uns an einem Samstagabend im Soundgarden einig. In der Nacht war ich ganz unruhig, ich hätte die Felgen am liebsten sofort drangebaut. Aber darauf wollte sich Toljan nicht einlassen, ich musste bis zum nächsten Tag warten.

Da ich sonntagvormittags noch etwas für meine Mutter erledigen musste, konnte ich erst am Nachmittag zu Toljan in den Hinterhof des Imbisses fahren. Es regnete in Strömen, aber zum Glück war die Durchfahrt in den Hinterhof überdacht. Es gab in der Durchfahrt auch eine Art Stellplatz, allerdings war der zum Schrauben nicht wirklich geeignet, da durch die Gäste des Imbiss-Restaurants immer wieder Durchgangsverkehr herrschte. Mir war das alles egal. Ich musste jetzt diese Felgen auf meinen Golf packen. Den Golf geparkt, kletterte ich auf eine Mülltonne, die sich unter dem Küchenfenster des Imbisses befand.

Toljans Vater fand es gar nicht lustig, wenn seine Söhne während der »Arbeitszeit« abgelenkt wurden. Schon gar nicht von anderen »Auto-Idioten«. Und ihr Vater war eine echte Respektsperson. Ich glaube, der hat auch in irgendeinem Krieg gekämpft oder so. Selbst wenn nicht, der hatte immer so einen Druck in der Stimme und eine Körpersprache, dass jedem unmittelbar klar war, dass Diskutieren nichts bringt. Entsprechend ängstlich hat man den Hof betreten und immer erstmal geschaut, ob die Luft rein war.

Ich entdeckte ihn am Grill stehend. »Toljan!«

»Ja, was willst du, Mann?«

»Ich will die Felgen draufpacken!«

»Jetzt?! Es pisst, Alter!«

»Egal! Ich steh unter der Unterführung!«

»Ich kann jetzt nicht! Mein Alter ist gerade gar nicht gut drauf. Lass uns das wann anders machen.«

»Nee, jetzt bin ich schon mal da. Ich krieg das auch so hin. Ich fang schon mal an. Hast du den Schlüssel für die Garage?«

Plötzlich diese tiefe Stimme: »Toljan!«

Ich duckte mich runter. Keine Ahnung, was der Vater seinem Sohn da an den Kopf warf, aber es klang wenig erfreulich.

Halb so wild, dachte ich mir. Ein paar Felgen wechseln, das werde ich ja auch alleine hinbekommen. Ich wusste, dass im Kofferraum so eine Art Not-Wagenheber untergebracht war. Das feuchte Kopfsteinpflaster und der wackelige Wagenheber waren zwar keine gute Kombination, aber was muss, das muss!

Ich bockte den Wagen auf und entfernte die erste Felge. Interessanterweise fiel mir erst dann auf, dass ich meine neuen Powertech-Felgen noch gar nicht hatte. Ich also zurück auf die Mülltonne – vorsichtig den Kopf heben und in die Küche schauen, ob die Luft rein ist.

»Toljan!«

Keine Antwort.

»Toljan!«

»Was?«, zischte es von der Seite, sehen konnte ich Toljan jedoch nicht.

»Wo sind die Felgen?«

»In der Garage!«

»Gib mal den Schlüssel.«

»Ich kann gerade nicht, Mann!«

»Aber ich brauch den, der Wagen ist schon hochgebockt.«

»Geht gerade nicht!«

Dann hörte ich eine Türe.

»Toljan?«

Es kam keine Antwort mehr. Ich sprang von der Mülltonne und überlegte krampfhaft, was ich jetzt tun sollte. In die Küche gehen war definitiv zu riskant. Wenn ich dort vom Vater erwischt würde, hätte ich unendlich größere Probleme, als neue Felgen an meinen Golf zu schrauben.

Während ich so überlegte, kam plötzlich Nuri zur Hintertür raus.

»Sid! Du Bekloppter, was machst du hier im Regen?«

»Ich will die Felgen dranballern, aber ich hab den Schlüssel nicht für die Garage.«

»Ja, warte, ich geb ihn dir gleich raus.«

Nuri warf einen Müllsack in die Tonne und verschwand wieder. Kurze Zeit später gab er mir die Garagenschlüssel durchs Küchenfenster. Ich ging zügig zur Garage, entdeckte meine neuen Felgen und entfernte die Plastiktüte. Geile Felgen, dachte ich mir, während ich fast zärtlich über das Alu streichelte. Ja, das mag dem Einen oder Anderen jetzt zu viel sein oder zu seltsam, aber was soll ich sagen ... Oberflächen, oder die Art und Weise, wie sie sich anfühlen, das hat es mir schon immer angetan. Die Wertigkeit eines Materials lässt sich immer erfühlen. Wertige Bauteile, egal wo sie zum Einsatz kommen, fühlen sich auch in der Regel gut an.

Ich ging, die Felgen vor dem Bauch tragend, zurück zum Auto. Aber das Bild, das mich jetzt erwartete, sorgte dafür, dass mir gleichzeitig heiß und kalt wurde. Mein Golf hing irgendwie schief. Ich legte die Felgen zur Seite, mich überkam die nackte Panik. Die wackelige Kombination aus feuchtem Kopfsteinpflaster und instabilem Wagenheber hatte mich und meine Tuningträume eiskalt im Stich gelassen. Der Wagenheber hatte nachgegeben und das Auto stand auf der Bremsscheibe. Ich hätte am liebsten geheult – aber vielleicht war das ja noch irgendwie zu retten? Ich rannte zurück zum Küchenfenster.

»Toljan!«

»Was?«

»Der Wagen ist vom Heber runtergerutscht!«

»Was?!«

»Komm schnell, bitte!«

Toljan kam zur Türe raus. »Wie, der Wagen ist runtergefallen?«

»Ja, komm schnell.«

Toljan kam mit und machte sich ein Bild von meinem Dilemma. »Alter, ich hab dir noch gesagt, das macht man nicht im Regen. Und jetzt ...«

»Jaja, ich weiß, aber kannst du mir bitte helfen?«

Toljan ging wieder zurück und kam kurz darauf mit Nuri und einem richtigen Wagenheber zurück.

Unterdessen war meine Welt zusammengebrochen. Das Auto war noch relativ neu und wenn hier jetzt was Größeres kaputt gegangen war, hieß das für mich wieder

Bus und Bahn fahren. Die rosige Zukunft, die sich gerade noch vor mir aufgetan hatte, wurde auf einmal von diesem Dreckswagenheber zerstört. Dass ich alle Warnungen in den Wind geschlagen hatte, nicht geduldig genug gewesen war, auf einen vernünftigen Wagenheber zu warten, und auch in keiner Art und Weise absicherte, all das war zu diesem Zeitpunkt irrelevant. Für mich war ganz eindeutig der Wagenheber schuld.

Nuri und Toljan machten sich ein Bild von der Lage unter dem Auto und platzierten ihren Wagenheber.

In dem Moment kam zu allem Überfluss der Vater mit grimmiger Miene aus der Hintertür. Oh nein, jetzt kriegen die Jungs auch noch Kasalla und ich krieg mein Auto nicht wieder hoch, dachte ich bei mir. Der Vater schnaubte, wollte gerade zu einer Hasstirade vom Allerfeinsten ansetzen, nahm dann aber die Situation wahr und fing aus tiefstem Herzen an zu lachen. Meine Dummheit war stärker als all sein Zorn. Ohne die Jungs weiter zu behelligen, ging er lachend zurück in die Küche.

Toljan und Nuri bockten den Wagen vorsichtig auf und prüften die Bremsscheibe. Ich hatte Glück im Unglück. Offenbar war der Wagen nicht plötzlich heruntergefallen, der Wagenheber hatte das Auto wohl relativ sanft abgelegt. Die Bremsscheibe war jedenfalls nicht allzu sehr verbogen. Toljan meinte zwar, dass ich diese so schnell wie möglich austauschen musste, aber es war schon mal kein Totalschaden, wie ich es mir in meiner Panik bereits ausgemalt hatte.

Die Jungs halfen mir schnell, die vier neuen Felgen draufzumachen. Und ich hatte recht – der Golf sah mit ihnen zehn Mal geiler aus als zuvor! Die Jungs pflichteten mir bei. Ich packte meine alten Felgen in den Kofferraum, bedankte mit bei Toljan und Nuri und fuhr megaerleichtert vom Hof.

Ein erster vorsichtiger Bremstest zeigte, dass die Bremse noch funktionsfähig war. Allerdings ruckelte das Lenkrad durch die Unwucht relativ krass. Na gut, dachte ich mir, dann muss ich die eben tauschen. Sobald ich wieder etwas Geld zusammen habe.

Meine Lektion hatte ich definitiv gelernt. Dachte ich zumindest.

Mein Golf soll schöner werden, Teil 2

Natürlich waren meine Powertech-Felgen der absolute Hit auf der Straße. Außerdem konnte ich die alten Felgen für einen ordentlichen Preis verkaufen und so ziemlich schnell wieder etwas Geld beiseitelegen, um die nächste Baustelle in Angriff zu nehmen.

Wer jetzt denkt: »Klar, die Bremsscheibe!«, der kannte den achtzehnjährigen Sidney nicht. Ja, die Bremsscheibe wäre die vernünftigere, sicherere und logischere Wahl gewesen. Aber schon mal auf einem Parkplatz oder beim Tuningtreffen gehört: »Mensch – watt eine geile Bremsscheibe?« Eben. Bremsscheiben interessieren keine Sau. Fetter Sound dagegen, das hört jeder, das versteht jeder.

Bei Toljan und Nuri entwickelte sich eine kleine Tuningszene. Ich war jeden Tag dort und schaute den Jungs beim Schrauben zu. Nach einer Weile half ich ihnen aus und man musste mir nicht mehr alles Mögliche erklären, ich konnte hier und da einfach selbst Hand anlegen. Jeden Tag kamen neue Leute hinzu und fragten, ob man ihnen bei diesem oder jenem helfen konnte.

An dieser Stelle sei erwähnt, damals gab es keine »How to«-Videos oder YouTube-Channels, die einem erklärten, wie was warum funktionierte und was man auf keinen Fall tun sollte. Außerdem waren wir alle keine Kfz-Mechaniker. Ich musste das alles sozusagen auf die harte Tour lernen.

Mein GT war mit einer Gruppe-A-Abgasanlage bestückt, was kein schlechter Anfang ist, aber da ging noch mehr. Von Nuri bekam ich seine alte Gruppe-N-Anlage, das ist schon eine ganz andere Liga. Dank meiner Erfahrung mit den Felgen nahm ich dieses Mal einen vernünftigen Wagenheber und schraubte auch nicht im Regen. Des Weiteren legte ich – man könnte sagen geradezu professionell – die neue Abgasanlage schon mal bereit. Ihr merkt, ich war ein unfassbar schlaues Köpfchen ...

Ich machte mich daran, die alte Abgasanlage abzumontieren. Aber das stellte sich als etwas zeitintensiver heraus, als ich geplant hatte. Na gut, es war ja auch mein erstes Mal. Was der Effizienz nicht wirklich half, waren die vielen Leute und dementsprechend die zahlreichen Ablenkungen. »Schau mal hier!« – »Hilf mal kurz!« – »Lass uns mal was essen gehen!«

Ständig wurde man unterbrochen und musste sich dann immer wieder reinfuchsen. Ja, ich weiß, eine Abgasanlage hängt nur an ein paar Schrauben und ein paar Gummis. Aber damals fing es ja schon damit an, dass man nicht mal das richtige Werkzeug hatte. Dementsprechend war die alte Abgasanlage nach circa drei Stunden runter. Ich begann mit dem Einbau der neuen Abgasanlage und stellte fest, dass die Gummis, die Abgasanlage halten schlichtweg nicht vorhanden waren.

»Toljan!«

»Was?«

»Komm mal her!«

»Warum denn?«

»Die Gummis fehlen.«

»Wie ›fehlen‹?«

»Ja, ich hab keine!«

»Dann frag Nuri! Der hat die abgeschraubt.«

Ich kam unter dem Auto hervor. »Nuri, wo hast du die Gummis?«

»Was für Gummis?«

»Na, für'n Endschalldämpfer.«

»Boah, keine Ahnung, Mann. War'n die nicht dabei?«

»Nee, da waren keine Gummis bei.«

»Wart mal.«

Nuri verschwand in der Garage und kam kurz darauf mit ein paar Gummis in der Hand wieder. »Versuch die mal.«

»Aber sind das auch die richtigen?«

»Nee, aber die müssten trotzdem passen. Ansonsten bestell halt drüben welche.«

Nuri meinte den kleinen Tuningladen gegenüber. Aber bestellen bedeutete zum einen Kohle ausgeben, zum anderen warten. Geld und Zeit waren definitiv Dinge, die ich auf gar keinen Fall hatte. Also nahm ich eben die Gummis. Beim Draufstecken hatte ich direkt ein gutes Gefühl. Die Passform war die richtige. Ich zog die letzten Schellen fest und ließ den Wagen wieder auf die Straße.

»Hat gepasst?«

»Ja, Mann!«

»Lass hörn!«

Ich ließ den Wagen an und man hörte es direkt: lauter, grolliger, böser Sound kam aus dem Endtopf. Ein breites Grinsen zeichnete sich auf meinem Gesicht ab. Ich musste gleich mal eine Runde Probe fahren.

Beim Verlassen des Hofes ließ ich den Motor ein paar Mal aufheulen. Der Blick in den Rückspiegel zeigte mir, dass die Gruppe-N-Anlage seine Wirkung nicht verfehlte. Genau so muss das, dachte ich mir.

Ich bog links ab und fuhr relativ langsam, aber mit recht hoher Drehzahl die Straße entlang. Mein ganzer Bauch vibrierte schön vom Grollen des Auspuffs. Ich hätte platzen können vor Glück. Ich kam vor der nächsten roten Ampel zum Stehen. Zwei hübsche Mädels überquerten vor mir die Straße. Ja, ich weiß, es ist peinlich, aber ich war verdammt noch mal erst achtzehn – ich spielte erneut mit dem Gas. Leider ohne die erhoffte Reaktion, die beiden würdigten mich keines Blickes. Perlen vor die Säue, dachte ich mir und trat etwas frustriert aufs Gas, als die Ampel auf Grün sprang.

Doch das anfängliche Grollen wurde plötzlich erst von einem Schlag, dann von einem extrem grausamen Schleifgeräusch abgelöst. Ich erschrak fürchterlich, schaute in den Rückspiegel und sah Funken fliegen. Ich trat sofort auf die Bremse und fuhr rechts ran. Meine neue Abgasanlage hatte sich verabschiedet. Die nicht einhundertprozentig konformen Gummis hatten ihren Dienst versagt und sind durch die Spannung kurzerhand gerissen! Was sollte ich tun? Ein Handy hatte ich damals noch nicht. Weiterfahren ging auch nicht. In dem Moment kamen mir die zwei Mädels vom Fußgängerüberweg kichernd entgegen. Ich wollte im Boden versinken vor Peinlichkeit und schaute nach unten. Beim Blick auf meine Schuhe kam ich auf eine sehr gute Idee: Schnürsenkel. Ich löste die Schnürsenkel von meinem linken Schuh und legte mich unters Auto. Ich richtete den Endschalldämpfer aus und nahm meinen Schnürsenkel, um die Konstruktion zu fixieren.

Die fünfhundert Meter zurück zum Hof schaffte ich auf diese Weise. »Scheiße, Mann!« Ich stieg aus meinem Golf. »Die Gummis haben nicht gehalten, da brauch ich andere!«

»Ja, musst bestellen.«

»Ja und jetzt!?«

Ich erhoffte mir einen wahnsinnig schlauen Insider-Tipp von den beiden Jungs, doch vergeblich. Es blieb mir nichts anderes übrig, als meine neue Anlage komplett zu demontieren und die alte wieder dranzuschrauben. Ich hatte den ganzen Tag an der Kiste gearbeitet, nur für die Erkenntnis, dass man die passenden Gummis braucht. Da guckt man schon mal sparsam. Aber solche Rückschläge führten nicht etwa dazu, dass ich keinen Bock mehr hatte. Im Gegenteil, ich entwickelte eine absolute »Jetzt erst recht«-Mentalität. Ich bestellte die Gummis und ein paar Tage später konnte ich dann endlich mit meiner sachgerecht montierten, neuen Gruppe-N-Anlage die Straßen von Dortmund unsicher machen.

Mir war es zwar zu diesem Zeitpunkt nicht bewusst, aber in diesem Hinterhof wurde der Grundstein für meine berufliche Karriere gelegt.

Im Laufe der nächsten Monate kaufte ich den Brüdern immer mehr gebrauchte Tuningteile ab, lagerte sie in der Garage und verkaufte sie dann wieder an Jungs, die sie brauchten. Ein netter Nebenverdienst. Außerdem kamen die Leute dann teilweise mit Fragen oder der Bitte zu mir, ihnen bei ihren Umbauten zu helfen. So wurde quasi auch ich zu einer Anlaufstelle für die lokale Tuningszene. Wenn jemand sich neue Teile für seinen Wagen geholt hatte, gab er mir die alten und ich verkaufte sie dem Nächsten gegen eine Vermittlungsgebühr.

Und weiß Gott, was wir in der Zeit alles kaputtrepariert oder getunt haben. Ich erinnere mich, wie mich einer fragte, ob ich ihm helfen könnte, seinen Kotflügel zu ziehen. Für die Nicht-Tuner: Wenn man breitere Felgen aufzieht, muss man die Kotflügel manchmal so hinbiegen, dass die Felge mit Reifen entsprechend darunter passt. Ein Profi verformt eine Kotflügelkante mit einer sogenannten Bördelmaschine. Aber so was hatten und brauchten wir natürlich nicht. Wir hatten eine Vision und Umsetzungswillen. Jetzt ist auf dem Kotflügel ja noch Lack drauf. Versucht man den Kotflügel kalt zu ziehen, bricht der Lack und man hat lauter kleine Risse darin. Also macht man den Lack zuvor mit einem Föhn warm. So wird er schön flexibel. Macht man ihn aber zu lange warm, also quasi heiß, verbrennt er. Alte Regel: nach flexibel kommt kaputt.

Jetzt meinte der Kollege, das sei ihm alles egal, er wolle den Wagen danach sowieso lackieren. Also nahmen wir eine Zange mit einem Tuch dazwischen, dazu noch zwei Hände, und zerrten an dem Kotflügel herum. Klar, der Lack war im Eimer und der Kotflügel sah ziemlich bescheiden aus, aber der Kollege war total happy, denn jetzt passten seine 21-Zöller drunter. Aus heutiger Sicht völlig bescheuert, aber so war das damals eben. Und so hat man eben meistens erst gelernt, wie es nicht geht – und wusste dann bald, wie es richtig geht.

Aber es war einfach generell eine andere Stimmung. Wir tauschten untereinander Tuningteile, Autos, alles Mögliche. Und es gab nie wirklich böses Blut, wenn ein Tauschgeschäft mal unglücklich verlief. Es war einfach allen Beteiligten klar, mit wem man es zu tun hatte und wie die Sache läuft. Rückblickend war es schon fast romantisch: Es galt tatsächliche »Ein Mann – ein Wort«.

Ein weiteres Beispiel: Als mich mal einer fragte, ob ich ihm bei seinen Ventildeckeldichtungen helfen könne, habe ich selbstverständlich ja gesagt, obwohl ich überhaupt keine

Ahnung hatte. Wir haben die Dinger abgeschraubt und hatten dann beim erneuten Zusammensetzen natürlich nicht die richtigen, neuen Dichtungen parat. Also behalfen wir uns mit Dichtungsmasse. Das kann man zwar machen – aber nur, wenn man die Masse auch trocknen und aushärten lässt. Dafür hatten wir natürlich keine Zeit, was zur Folge hatte, dass der Motor undicht wurde und sich das ganze Öl verabschiedete. Und doch gab es da dann keinen Ärger untereinander. Man schaute ziemlich blöd aus der Wäsche und fing noch mal von vorne an.

Nach einer Weile kaufte ich mir dann einen roten Werkzeugwagen mit vier Schubladen. Den besitze ich übrigens heute noch. Und diesen Schrank befüllte ich nach und nach mit Werkzeug. Ihr habt keine Vorstellung davon, wie frustrierend es ist, ohne das richtige Werkzeug rumzuschrauben. Aber dafür fehlte am Anfang eben einfach das Geld.

Innerhalb kürzester Zeit hatte ich ein gutes Grundverständnis von Autotechnik und Tuning – und besaß zumindest das grundsätzliche Werkzeug. Dazu kam, dass mein Golf schon ziemlich cool aussah und immer wieder Aufsehen erregte. Das hatte den positiven Effekt, dass mich Leute immer wieder ansprachen, wo man denn an Teile kommen könnte oder wer diese verbaute. Ich habe dann den Tuningladen empfohlen oder, falls es gepasst hat, gleich selbst die Teile aus meiner Garage verkauft.

Allerdings hatte der Golf auch den negativen Effekt, dass man Begehrlichkeiten weckte. Eines Morgens ging ich zu meinem in der Geßlerstraße geparkten Golf und sah, dass der nur noch auf Böcken stand. Die Felgen waren geklaut worden und man hatte versucht, die Stoßstangen abzureißen, was allerdings nicht gelungen war. So hing die Frontstoßstange mit abgebrochenen Halterungen vor dem Wagen. Jetzt sollte man denken, dass ich kurz vor einem Tränenausbruch stand. Aber dem war interessanterweise nicht so. Ich hatte das Auto komplett nach meinen Vorstellungen umgebaut und das Projekt war irgendwie fertig gewesen. Natürlich hätte ich ins Essen kotzen können – bitte entschuldigt meine Ausdrucksweise –, aber es war keine emotionale Sache mehr. Ich nahm ein paar Holzplatten als Gegenstück und dübelte die Stoßstange wieder dran. Das sah zwar ziemlich kacke aus, aber eine neue Stoßstange, die man dann auch noch lackieren lassen musste, das war mir einfach zu teuer. Ein paar andere Reifen hatte ich noch von den Tauschgeschäften auf Lager in der Garage.

Meinen blauen Golf 2 GT hatte ich insgesamt eineinhalb Jahre. So lange sollte ich für ganz lange Zeit kein Auto mehr behalten; ich hatte ab diesem Zeitpunkt immer eine sehr kurze »Halte-Zeit«. »DO – S 979«, war das Nummernschild. Vor kurzem wurde ich auf Facebook angeschrieben. Da hatte jemand genau diesen, meinen Golf erworben. Er schickte mir ein Foto vom Brief. Leider erlitt der Wagen wenige Wochen danach einen Totalschaden. Rest in Peace!

Zeit, um uffe Kacke zu haun

Da hatte ich nun also meinen perfekten, tiefen, lauten, breiten, blauen Golf. Gekauft und getunt hatte ich ihn in den Schulferien. Die waren jetzt zu Ende. Endlich konnte ich allen auf der Schule zeigen, wer hier das fetteste Auto hat. Wer, ganz ohne Frage, der »Coole von der Schule« war (kennt jemand noch die TV-Serie von Anfang der Neunziger, *Parker Lewis*?).

Montagmorgen. Ich zog meine neuesten Klamotten an und verbrachte einige Zeit damit, meine damals noch nicht langen und grauen Haare in Form zu bringen. Zugegeben, ich hatte noch nicht so wirklich einen eigenen Style. Oder anders gesagt, mein Style ging eher in Richtung Rollkragenpullover, schwarz glänzende Hose und Lackschuhe.

Ich weiß, wenn man mich heute sieht, ist das kaum zu glauben. Aber damals war ich der Meinung, so sehe ein »big player« aus. Und mit meinem Golf war ich natürlich erst recht ein solcher. Frisch gestriegelt und voller Vorfreude setzte ich mich hinein, bereit, einen auf ganz dicke Hose zu machen. Selbstverständlich fuhr ich mein Baby erst warm, bevor ich den Motor aufheulen und Dortmund durch meine Gruppe-N-Abgasanlage hören ließ, dass sich Sidney Hoffmann jetzt auf dem Weg zur Schule befand.

In die Straße der Schule bog ich noch stolz wie Oskar ein. Doch dort machte die Vorfreude nackter Panik Platz. Jeder, jeder, jeder Tuner kennt das. Man schaut die Straße entlang und sieht die freundlichen Helfer in Grün. Die Rennleitung des Alltags. Die Spielverderber. Die natürlichen Feinde des Tuners. Polizei und Tuner: Jäger und Gejagte. Scheiße, scheiße, scheiße, schoss mir durch den Kopf. Erstens haben die sicher bereits seit fünf Minuten gehört, wie ich angefahren gekommen bin. Zweitens waren nicht alle Tuningmaßnahmen eingetragen. Es war eine klassische Verkehrskontrolle unmittelbar vor dem Parkplatz der Schule. Sofort kuppele ich aus, um keine weitere Aufmerksamkeit auf mich zu lenken.

Die nächste Frage, die jeder Tuner kennt: Schaut man hin oder nicht? Was macht einen verdächtiger? Bescheuert eigentlich, oder? Da verbaut man zig Teile, um optisch aus der Masse herauszustechen, haut dazu eine Abgasanlage drunter, die jedem Rennauto gut stehen würde, – und dann fragt man sich, ob es einen verrät, wenn man die Polizisten anschaut. Ich schätze mal, das ist der Strohhalm, an den man sich klammern möchte, wenn es eh schon zu spät ist.

Ich entschied mich für dezentes Schauen, was in ein verkrampftes Schielen mündet. So konnte ich aus dem Augenwinkel sehen, dass alle Beamten gerade mit irgendwelchen Autos beschäftigt waren.

Puh, das sieht gut aus, dachte ich. Die haben dich nicht auf dem Schirm. Langsam rollte ich die Straße runter. Mit jedem Meter wuchs in mir die Hoffnung, noch sauber aus der Nummer herauszukommen.

Dann sprang vor mir wie aus dem Nichts ein junger Gott von Polizist auf die Straße. Mütze auf dem Kopf, Kelle in der Hand, Lächeln im Gesicht, winkte er mich an den Straßenrand. Fuck, fuck, fuck, das darf doch einfach nicht wahr sein! Mir wurde ganz heiß. So kurz vor dem Ziel wurde ich doch noch abgefangen. Ich versuchte, tief ein- und auszuatmen, um total cool und entspannt auf den Kollegen zu wirken. In keiner Art und Weise wollte ich mich durch Gesichtsausdruck oder Körpersprache verraten. Ich steuerte meinen Golf an die Seite und schaltete den Motor aus. Zuvorkommend kurbelte ich schon mal die Scheibe runter. Der Beamte kam relativ entspannt zu mir ans Fenster.

»Guten Morgen! Allgemeine Verkehrskontrolle. Zeigen Sie mir bitte Ihren Führerschein und die Fahrzeugpapiere.«

Ihr denkt nun völlig zu Recht, dass ich zumindest diese erste kleine Hürde hätte nehmen können. Aber ihr kanntet den achtzehn Jahre alten Sidney nicht. Ich bin Brillenträger. Jetzt gab es aber nichts Uncooleres zu dieser Zeit, als eine Brille zu tragen. Also, was macht man? Richtig – man informiert sich, welche Möglichkeiten es gibt, Auto zu fahren, ohne eine Brille zu tragen. Die einfachste und im Vergleich günstigste Methode war, den Führerschein zu »vergessen«. Den Führerschein nicht mitzuführen kostete damals zwanzig Mark. Das Führen eines Fahrzeuges ohne Brille dagegen war verheerend! Dementsprechend hatte ich natürlich keinen Führerschein dabei und konnte dem Polizisten nur die Fahrzeugpapiere aushändigen.

»Was ist mit dem Führerschein?« Ich kramte hektisch in meinen Hosentaschen.

»Das tut mir furchtbar leid, den finde ich gerade nicht.«

»Na, Herr Hoffmann, wo könnte der denn sein?«

Wohl wissend, dass sich der Schein nicht dort befand, kramte ich in den diversen Sitzritzen und Schlitzen.

»Boah, es scheint so, als habe ich den heute Morgen in meiner Eile daheim vergessen.«

»Mhm. Bleiben Sie mal einen Moment sitzen.«

Wieder rasten meine Gedanken: Oh shit, wenn der jetzt ums Auto geht und sich alles genau anschaut, merkt er, dass nicht alles eingetragen ist …

Eigentlich wollte ich wieder total unauffällig im Rückspiegel observieren, was der Beamte machte, damit ich mir schon mal die passenden Antworten auf seine Fragen zurechtlegen konnte – aber dazu kam ich nicht. Einige meiner Mitschüler liefen gerade vorbei und lachten sich kaputt. Anstatt mit einem entspannten Gas-Stoß auf dem Schulparkplatz noch mal allen klarzumachen, wer hier der wahre Platzhirsch war, saß ich da nun mit meinen gegelten Haaren in einer Polizeikontrolle am Straßenrand. Ich wollte im Boden versinken. Zum Glück rannte damals noch nicht jeder mit einem Smartphone durch die Gegend. Sonst würde man die Bilder oder Videos sicher heute noch im Internet finden. Aber zumindest in meiner Fantasie erschien es mir damals so, als würden meine Mitschüler mit dem Finger auf mich zeigen und sich am Boden kugeln vor Lachen.

»So, Herr Hoffmann!« Der Beamte riss mich aus meinem jugendlichen Albtraum und mein Gehirn kam zurück zu dem viel dringlicheren Problem mit der Polizei.

»Sie gehen hier zur Schule?«

»Ja genau.«

»Sind Sie ein guter Schüler?«

»Ich bin ganz okay.«

Ich hatte zwar keine Ahnung, worauf er hinauswollte, aber er schien eine gewisse Form von Humor zu haben, was vielleicht kein schlechtes Zeichen war.

»Na wunderbar, dann machen wir daraus jetzt eine Lernaktion.«

»Eine was?«

»Eine Lernaktion, damit Sie heute schon vor dem Unterrichtsbeginn etwas lernen.«

»Aha.«

Was konnte er damit wohl meinen? Hatte er gecheckt, dass nicht alles eingetragen war? Ich hatte ihn völlig aus den Augen verloren, als sich meine Mitschüler über meine Misere belustigt hatten.

»Was meinen Sie denn damit?«

»Herr Hoffmann, Sie müssen dringend lernen, dass man nicht ohne den Führerschein durch die Gegend fahren kann. Man muss den Führerschein immer dabeihaben, sonst brauchen Sie gar nicht erst ins Auto zu steigen. Ich mache mir bei Ihnen gar keine Sorgen, dass das lange dauern wird. Sie sind ja noch jung und aufnahmefähig. Wir lassen das Auto hier jetzt mal stehen und Sie geben mir den Schlüssel.«

Ich wollte unterbrechen. »Aber ...«

»Nichts aber. Sie hören jetzt zu, Herr Hoffmann. Um zu lernen, muss man zuhören, das wissen Sie doch.«

Ich nickte pflichtbewusst.

»Sie gehen nach der Schule nach Hause und suchen Ihren Führerschein. Wenn Sie ihn gefunden haben, kommen Sie auf die Wache nach Körne. Dort zeigen Sie uns den Führerschein und dann bekommen Sie den Schlüssel zurück.«

»Äh, wie meinen Sie das jetzt?«

»Genau so, wie ich es Ihnen gerade gesagt habe. Sie zeigen auf der Wache Ihre Fahrerlaubnis, dann bekommen Sie den Schlüssel zurück.«

Ich zog den Schlüssel ab. Anstatt mich darüber zu freuen, dass er weder das Tuning bemängelte noch die übliche Strafe von zwanzig Mark von mir haben wollte, brach meine Welt zusammen. Beim Aussteigen lief der nächste Schwung Mitschüler vorbei und sah, wie ich dem Beamten meine Schlüssel gab. So wollte ich auf gar keinen Fall zum Gesprächsthema Nummer eins an der Schule werden. Das hatte ich mir gänzlich anders vorgestellt.

Kurzerhand beschloss ich, blauzumachen. Ich hatte keinerlei Interesse daran, als Gespött der Schule eine frische Lästerwelle in voller Breitseite abzubekommen. Außerdem wollte ich mein Auto so schnell wie möglich aus den Fängen der Polizei befreien. Nachher käme vielleicht noch jemand auf die Idee, sich den Wagen genauer anzuschauen oder die nicht eingetragene Abgasanlage zu testen.

Ich also ab nach Hause. Glücklicherweise arbeitete meine Mutter bereits, sodass sie nicht mitbekam, dass ich nicht in der Schule war. Ich setzte meine Brille auf, nahm den Führerschein und fuhr mit der S-Bahn auf die Wache. Während der Fahrt malte ich mir aus, dass sich der Beamte, der mich aufgehalten hatte, genau daran erinnern könnte, dass ich während der Kontrolle, ergo während meiner Fahrt, keine Brille getragen hatte. Dafür würde ich jetzt sicher nachträglich belangt werden. Und außerdem war es doch klar, dass die sich meinen Golf noch genauer anschauen und checken würden, dass Einiges nicht eingetragen war. Der Tag drohte weiter zum Desaster zu werden. Vor meinem inneren Auge wurden Führerschein und Auto direkt konfisziert und ich verlor die Möglichkeit, in diesem Jahr überhaupt mit irgendeinem Auto zur Schule zu fahren.

Mit ordentlich Herzklopfen betrat ich die Wache in Körne. Die erste kleine Erleichterung machte sich breit, als ich den Polizisten von der Verkehrskontrolle nirgends entdecken konnte. Ich zeigte der Beamtin meinen Führerschein und da sie offenbar Bescheid wusste, gab sie mir direkt meine Schlüssel zurück. Ich war völlig perplex.

»Gibt es sonst noch was?«, wurde ich gefragt.

»Ähm, nein, danke schön.«

»Das nächste Mal denken Sie an Ihren Führerschein!«

»Mit Sicherheit! Das wird mir nicht noch mal passieren.«

Ich eilte aus der Wache. Auf meinem Gesicht entstand unweigerlich ein ganz breites Grinsen. Die hatten sich den Wagen tatsächlich nicht noch mal genauer angeschaut.

»Schönen Tach Ihnen noch«, rief mir die Beamtin noch hinterher.

»Danke, wünsche ich Ihnen auch!«

Ich machte mich aus dem Staub.

Insgesamt war ich glimpflich davongekommen. Nichtsdestotrotz war der darauffolgende Tag in der Schule ein ganz schöner Spießrundenlauf.

»Stand dein Wagen den ganzen Tag da am Straßenrand?« – »Hier, einen auf dicke Hose machen wollen, hä?! Hat wohl nich' so gut geklappt!«

Gut, für ein, zwei Tage war ich dann tatsächlich das Gespött der Schule. Mein erster großer Auftritt mit meinem Auto ist ziemlich in die Hose gegangen. Der Lerneffekt war allerdings nicht so gut, wie man nach dieser Erfahrung hätte meinen können. Und den richtigen Umgang mit der Rennleitung sollte ich erst nach und nach lernen. Dies war das erste Mal, dass ich in eine Polizeikontrolle gekommen bin. Dieses Aufeinandertreffen, der freundliche Austausch zwischen mir und der Polizei, ist bis heute ein aufregendes und spannendes Verhältnis. Eine innige Beziehung, die alle Tuner in Deutschland kennen.

Raus aus der Schule – was jetzt?

Im Millennium 2000 habe ich erfolgreich das Abitur an der Gesamtschule Gartenstadt in Dortmund abgeschlossen. Unser Motto war »Manu muss raus« – die Älteren erinnern sich: die erste *Big-Brother*-Staffel war ein nationales Event. Eine der Kandidatinnen, Manu, fanden wir alle unerträglich und machten es kurzerhand zu unserem (inoffiziellen) Abi-Motto.

Jetzt sollte man vielleicht denken: Klar, wer so viel mit Autos macht und tunt, der studiert Maschinenbau und geht in die Autoindustrie.

Aber das war so gar nicht mein Plan. Zunächst einmal stand ja die damalige Wehrpflicht oder alternativ der Zivildienst an. Für mich war die Frage geklärt, seit ich sieben Jahre alt war. Damals hatte ich zum ersten Mal im Fernsehen *Top Gun* gesehen, bis heute mein absoluter Lieblingsfilm. Und seit diesem Tag war mir klar: Ich werde Jetpilot. Für mich gab es daran überhaupt keinen Zweifel. Außerdem kannte ich jemanden aus dem Block, der tatsächlich Pilot der Luftwaffe war und immer von der Ausbildung in Arizona erzählt hat. Für mich ein absoluter Traumjob. Ein anderer Kumpel aus dem Block meinte, er will nautischer Taucher werden, das sei auch richtig cool.

»Wat is denn ein nautischer Taucher?«

»Na, ein Kampftaucher!«

»Ah … Ja, cool, Mann. Okay, das wäre natürlich auch eine Option!«

Als die Musterung anstand, war ich mir sicher: Mir wird nichts im Wege stehen. Ich war topfit, hatte keine Verletzungen, keine Allergien, alles war in bester Ordnung. Ich sagte den Leuten direkt am Anfang der Musterung, dass ich hier bin, um mich zu verpflichten und Pilot oder nautischer Taucher zu werden. So wussten sie direkt, dass es mir ernst war mit meinem Vorhaben. Die Musterung verlief auch ohne Probleme. Bis auf den Teil, bei dem die Körpergröße gemessen wird. Da stellte sich heraus, dass ich mit meinen 1,77 drei Zentimeter zu klein bin. Damit hatte ich ein Defizit und war automatisch »T2« – sowohl für die Jetpiloten-Ausbildung als auch für den Werdegang eines nautischen Tauchers musste man aber zwingend »T1« sein. Für mich brach eine Welt zusammen.

Der Amtsarzt meinte noch, dass ich ja immer noch Helikopterpilot werden könne. Das war für mich aber keine Option. Aus meiner Enttäuschung wurde Trotz. Gut, wenn ihr mich weder Jetpilot noch nautischer Taucher werden lasst, dann verweigere ich eben! Dann werde ich Deutschland eben nicht dienen. Ihr habt ja gar keine Ahnung, was für ein großartiger Pilot euch hier durch die Lappen geht!

Ja – ich war schon sehr enttäuscht und gleichzeitig unfassbar von mir überzeugt. Eben ein typischer junger Mann in seiner Sturm-und-Drang-Phase.

Tief in meinem Stolz und in meiner Ehre gekränkt, ging ich als Zivildienstleistender ins sogenannte Umwelthaus in Lünen. Hier rüstete man die Menschen für den zweiten Arbeitsmarkt entsprechend aus. Ich war als »Hiwi« in der Verwaltung tätig. Ich fand meine Arbeit dort eigentlich ziemlich entspannt. Mir wurden zahlreiche Besorgungsfahrten aufgetragen, die ich mit meinem privaten PKW – damals ein blauer BMW 316i Coupé – machen durfte. Der riesige Vorteil: Man durfte die Kilometer abrechnen und verdiente alleine dadurch sozusagen zusätzlich. Außerdem waren die Leute im Umwelthaus etwas seltsam drauf. Für die war eine Fahrt nach Dortmund schon eine halbe Weltreise, für mich ein Sprint von zwanzig Minuten. Das führte dazu, dass ich es locker anging. Eines Tages etwas zu locker.

Eines Donnerstagnachmittags horchte ich für fünf Minuten in mich hinein, um den ganzen »Stress« zu bewältigen. Da wurde ich vom Abteilungsleiter ins Büro gerufen. Er besprach mit mir, welche Aufgaben in der nächsten Woche anstehen würden, und ich machte mir gewissenhaft Notizen.

»Ach und Herr Hoffmann, bringen Sie sich ein Kissen mit.«

»Wie bitte?«

»Ein Kissen, wenn der Kopf wieder schwer wird.«

Mein vermutlich dummer Gesichtsausdruck musste verraten haben, dass ich jetzt angestrengt darüber nachdachte, wie er wohl wissen konnte, dass ich kurz zuvor geschlafen hatte.

»Werfen Sie mal einen Blick in den Spiegel. Das wäre dann alles.«

Mir war die Situation furchtbar peinlich. Ich ging zur Toilette und schaute in den Spiegel. Auf meiner Stirn befand sich mit Einpresstiefe und rot-weiß das Strickmuster meines Wollpullis.

Als Zweitjob fing ich an, für diverse Firmen Promo zu machen. Ich verteilte Zigaretten, »Kapitalistenbrause«, einfach alles – und verdiente mir so immer was dazu.

Nach dem Zivildienst wollte ich gerne studieren, aber meine Mutter war dagegen. Sie wollte, dass ich eine Ausbildung machte, etwas Handfestes, Bodenständiges lernte. Also machte ich mit ihr den Deal, dass ich mich nach einem Studium umschauen durfte, aber gleichzeitig um einen Ausbildungsplatz bemühte, um eine Alternative zu haben.

Diese Voraussetzungen und zugleich meinen Kindheitstraum, Pilot zu werden – ich wollte gleich alles mit einer Klappe schlagen: Pilotenausbildung bei der Lufthansa. Also bewarb ich mich und wurde tatsächlich in das Assessment-Center eingeladen.

Davor hatte ich allerdings noch einen Arzttermin. Wie wir auf das Thema gekommen sind, kann ich gar nicht mehr sagen, der Arzt jedoch riet mir dringend von meinen Berufsplänen ab.

»Wissen Sie denn, warum Piloten so früh in Rente gehen?«

»Ähm, nein, keine Ahnung.«

»Wegen der Gamma-Strahlung!«

»Was für ne Strahlung?«

»Gamma-Strahlung, die ist hochgradig gesundheitsgefährdend.«

»Gamma-Strahlung?«

»Ja, aus dem Cockpit. Deswegen gehen die alle so früh in Rente. Die können einfach nicht mehr. Überlegen Sie sich das gut, Herr Hoffmann.«

Ich glaubte dem Mann, schließlich war er ja Arzt. Aus heutiger Sicht bereue ich es manchmal, aber ich bin daraufhin nicht mal zum Einstellungstest gegangen. Mir war auch vorher schon klar gewesen, dass das sehr schwer werden würde. Man hat schon Einiges gehört, wie schwer der

Test sei und dass man unter enormen Stress gesetzt würde. Die Kombination mit dem Arzt, der mich vor irgendwelchen Gamma-Strahlen warnte, hat allerdings dazu geführt, dass ich das Vorhaben endgültig aufgegeben habe.

Ich bewarb mich daraufhin bei diversen Banken als Bankkaufmann und ging in der Dortmunder Fachhochschule zu Gastvorlesungen mit dem Themenschwerpunkt Fahrzeugtechnik. Hierbei stellte sich schnell heraus, dass Mathematik den größten Raum einnahm. Das wiederum war jetzt so gar nicht meine Sache. Auf International Business hatte ich ebenfalls große Lust, allerdings konnte man das nur auf einer Privatschule studieren und das war einfach zu teuer. Ich bekam das Angebot, bei einer Bank die Ausbildung zu beginnen. Das setzte mich dann direkt unter Zugzwang. Mir wurde schlagartig klar, dass ich dann ja jeden Tag einen Anzug tragen müsste, was so gar nicht nach meinem Geschmack war. Ich entschied mich kurzerhand, Logistik zu studieren. Auch meine Mutter konnte mit dem Thema an sich etwas anfangen und gab mir ihren Segen. Das Fach wurde an der Uni Dortmund ganz neu angeboten. Dementsprechend dachte ich mir, dass ich hervorragende Aussichten auf einen Job haben würde, da es ja nicht viele Logistiker geben würde ...

Am ersten Tag wurden alle angehenden Logistikstudenten in das große Audimax bestellt. Die Bude war pickepacke voll. Da waren bestimmt sechshundert Leute am Start. Der Prof begann mit einer Art Einführung in das Gebiet. Daraufhin verließen immer mehr meiner Kommilitonen den Hörsaal und ich verstand immer weniger. Wenn ich weiter am Rand gesessen hätte, wäre ich vermutlich ebenfalls hinausgegangen. Ich hing jedoch ziemlich mittig in der Sitzreihe fest. Als die Vorlesung fast am Ende war und von den sechshundert noch maximal hundert Studenten übrig geblieben waren, klärte uns der Professor auf, dass er die Vorlesung bewusst kompliziert gestaltet hatte, damit man schon mal großflächig aussortieren konnte. Mir fiel ein großer Stein vom Herzen. Zugegebenermaßen hatte ich so gut wie gar nichts von dem verstanden, was der gute Mann da vor sich hin schwadroniert hatte, aber wenn das der Plan gewesen war, dann war ja alles gut.

So begann ich doch recht frohen Mutes mein Studium, stellte aber schnell fest, dass auch bei diesem Studiengang extrem viel Mathematik verlangt wurde. Höhere Mathematik Eins habe ich gerade noch so hinbekommen, aber nach dem Grundstudium und als höhere Mathematik Zwei anstand, bin ich komplett abgeschmiert. Ich verstand einfach kein Wort mehr von den schlauen Männchen, die die Vorlesungen abhielten. Dazu kam, dass man – jedenfalls für mein persönliches Verständnis – für recht viele Fächer Prüfungen ablegen musste. Darauf war ich nicht vorbereitet und versuchte, alles für alle Fächer zu lernen, was natürlich schief ging. Das Lernen auf Lücke erwies sich für eine kurze Zeit sehr effektiv, allerdings verschob sich das Verhältnis zwischen Stoff und Lücke bei mir dermaßen, dass es kein funktionierendes System mehr darstellte. Ich wusste, dass ich dieses Studium nicht zu Ende bringen und mit meinen bescheidenen mathematischen Fähigkeiten auch in einem ähnlichen Gebiet keinerlei Aussichten auf Erfolg haben würde.

Industrial Design hätte mir am ehesten zugesprochen, allerdings erkannte die Uni nichts von meinen bisherigen Studienleistungen an. Gut, dann eben nicht. Ich kam auf die

Idee, Sportmanagement zu studieren. Zum einen war ich als aktiver Wide Receiver in Topform, zum anderen hatte ich durch Angelika, die mittlerweile bei Karstadt Sport arbeitete, einiges vom Geschäft mit den großen Sportmarken mitbekommen. So hatte ich endlich den für mich optimalen Studiengang gefunden. Dachte ich.

Verkackt

Für ein Sportstudium, und sei es auch »nur« Sportmanagement, muss man eine Sportprüfung ablegen. Die Prüfung der Sporthochschule in Köln ist ja geradezu weltberühmt und beinhaltete außerdem zu dieser Zeit noch die Disziplin »Ringe«. Das war überhaupt nicht mein Sport – die Frage, ob ich nach Köln oder Bochum gehen würde, war somit schnell beantwortet. Außerdem erkannte Bochum ohne Probleme einige meiner Scheine aus dem Logistikstudium an.

Der Test in Bochum machte mir keine großen Sorgen. Ich, als supergeiler Typ, Wide Receiver bei den Dortmund Giants, der einen Touchdown nach dem anderen produzierte, würde den Möchtegern-Athleten schon zeigen, wo der Hammer hing. Meine einzige Vorbereitung bestand aus zusätzlichem Laufengehen. Ich ging mit Henry, der nach wie vor beim BVB spielte, im Wald joggen und konnte ganz gut mithalten. Das, gepaart mit meinem wöchentlichen Football-Training, sollte locker reichen. Ein Defizit war erlaubt. Als meine vermutlich schwächste Disziplin machte ich Schwimmen aus. Ich war einfach noch nie eine große Wasserratte. Alles andere würde für mich kein Hindernis darstellen.

Mit dieser äußerst selbstbewussten Haltung fuhr ich nach Bochum zum Test. Aber als ich die Sporthalle betrat, änderte sich meine Einstellung schlagartig. Allein schon die Damen, die ich dort antraf, hatten mehr Muskeln als ich. Ich dachte ich sei im falschen Film. Na gut, jetzt war ich schon mal hier, da musste ich wohl auch zeigen, aus was für einem Holz ich geschnitzt war!

Die erste Disziplin war der hundert Meter Sprint. Ich schnürte meine Laufschuhe und ging in Richtung Start. Dort musste ich feststellen, dass alle Bewerber um mich herum Spikes anhatten. Puh – die meinen es wirklich ernst hier, dachte ich. Dennoch, ich war schon immer ein flinkes Kerlchen gewesen, bei den hundert Metern fühlte ich mich sicher.

»Auf die Plätze!«

Ich stieg in meinen Startblock. Ich werde nicht lügen, eine gewisse Anspannung machte sich schon breit.

»Fertig!«

Bang!

Ich rannte los, so schnell ich nur konnte. Bald merkte ich, dass ich gut unterwegs war, denn es lief kein anderer mit mir auf einer Höhe, und so erreichte ich das Ziel als Erster. Schwer schnaubend und mit einem Siegerlächeln ging ich zum Prüfer.

»Und – wie ist die Zeit?«

»Müssen wir noch mal machen.«

»Bitte?!« Ich war einigermaßen geschockt. »Wie ›noch mal‹?«

»Da hat was mit der Messung nicht funktioniert. Da müsst ihr noch mal laufen.«

Ich pumpte wie ein Maikäfer. Zwar konnte ich auch beim zweiten Lauf die vorgegebene Zeit erfüllen, aber dieser Stolperstein soll verdeutlichen, wie die Prüfung allein schon losging.

Die weiteren Leichtathletikprüfungen wurden aus irgendeinem Grund auf den späteren Tag gelegt. Dafür wurde – oh große Freude – Schwimmen vorgezogen. Also stapfte ich in die Schwimmhalle und zog mich um. Als wir dann am Becken standen, kamen mir die Herkules-Rücken meiner Mitstreiter mit jeder Sekunde breiter vor. Was zum Teufel sind das für kranke Maschinen, dachte ich mir. Bestimmt machten die den ganzen Tag nichts anderes als Sport. Einfach unfassbar: nur Modellathleten ... und dann ich – der kleine Wide Receiver der Dortmund Giants. Fünf- zig Meter Freistil, das war der blanke Horror für mich. Allein schon die Wassertemperatur war für mich nichts. Viel zu kalt. Ich denke mir auch immer, wenn der Mensch für das Wasser gebaut worden wäre, dann hätte er schon nicht so weit im Landesinneren gesiedelt. Ernsthaft! Wie viel Pro- zent der Weltbevölkerung wohnen in unmittelbarer Nähe zum Wasser und wie viele nicht? Der Mensch ist eindeutig ein Landtier. Okay, in diesem speziellen Fall geht es zwar um eine sportliche Disziplin, aber ich will nur noch mal verdeut- lichen: Das Schwimmen an sich liegt garantiert nicht in der Natur des Menschen.

Da stand ich nun etwas unbeholfen auf diesem Mini-Sprungbrett, diesem Startpodest. Der Prüfer gab das erste Signal, ich beugte mich nach unten – und fiel.

Glücklicherweise kam exakt in diesem Moment das Startsignal. Gut, den Start hatte ich schon mal voll getroffen. Ich schwamm und schwamm. Bei mir artet so etwas ganz schnell zu so einer Art »Schlagbewegung« aus.

Für Kenner oder Ästheten hat das vermutlich mit einem vernünftigen Kraulstil nichts mehr gemein. Aber ich musste ja irgendetwas tun, damit ich nicht unterging! Ich gab einfach alles und freute mich sogar kurzzeitig, da es echt ordentlich nach vorne zu gehen schien. Da allerdings machte ich den Fehler und schaute ein klein wenig nach rechts. Ich musste feststellen, dass der Rest der Gruppe mich bereits nach wenigen Metern deutlich zurückgelassen hatte. Ganz ehrlich, man kommt sich schon reichlich bescheuert vor, wenn man sich da als Letzter im Wasser den Arsch abpaddelt und ohnehin schon weiß, dass man keine Chance hatte. Das ist natürlich auch für einen Wide Receiver der Dortmund Giants ein durchaus peinlicher Moment. Selbstverständlich entpuppte sich die Schwimmdisziplin als defizitär.

Aber alles gut, bislang fuhr ich voll nach Plan. War ja klar, dass meine Höchstleistung im Schwimmen nicht reichen würde.

Zurück im Leichtathletikstadion war ich mir sicher, dass ich die restlichen Prüfungen ohne große Schwierigkeiten bestehen würde. Weitsprung war dem Sprint ja prinzipiell sehr ähnlich, nur noch mit einem Hopser verbunden. Das allerdings stellte sich unmittelbar als mein Genickbruch heraus. Denn viel mehr als einen Hopser habe ich an diesem Tag leider auch nicht hinbekommen. Somit hatte ich das zweite Defizit und für mich waren die Prüfung und damit der erhoffte Studienbeginn endgültig vorbei.

Sechs Monate später durfte man den Test wiederholen. Ich nutzte die Zeit, um zusammen mit Pedro Unfallautos wieder flottzumachen und in Promo-Jobs zu arbeiten. Außerdem nahm ich die Vorbereitung auf den Sporttest jetzt sehr, sehr ernst und übte jede einzelne Disziplin. Ich bin sogar schwimmen gegangen. Schaden konnte es ja auf keinen Fall.

Im zweiten Anlauf gelang mir die Prüfung ohne besondere Vorkommnisse oder Schwierigkeiten. Zwar konnte ich im Schwimmen erneut nicht die geforderte Zeit abliefern, aber dafür liefen alle anderen Sportarten reibungslos. Daher stand dem Studium endlich nichts mehr im Wege.

Ich blieb bei meiner Mutter wohnen. Sie hatte derzeit keinen Partner, meine Schwestern waren bereits ausgezogen und ich wollte sie nicht allein lassen. Wir machten einen Deal, dass wir wie in einer WG zusammenleben würden, was wie gesagt überraschenderweise auch sehr gut funktionierte.

Was ich auf keinen Fall machen durfte, war, ein Mädchen zum Übernachten mitbringen. Dafür war meine Mutter einfach zu konservativ. Es war kein Problem, wenn ich bei meiner damaligen Freundin übernachtete, aber bei mir musste sie am Abend immer gehen. Es war klar, dass nur die Frau, die ich auch heiraten würde, übernachten durfte. So pendelte ich während meiner Studienzeit zwischen Dortmund und Bochum.

Direkt in den ersten Tagen meines Studiums stand ein Termin beim Vertrauenslehrer oder Betreuungsmensch oder wie auch immer das heißt an.

»Soso, Sie spielen also Football.«

»Ja, ich bin Wide Receiver.«

»Na, das werden wir jetzt dann aber schön sein lassen.«

»Ähm, nein, das hatte ich ehrlich gesagt nicht vor.«

»Doch, doch, Herr Hoffmann, lassen Sie das mal. Das ist viel zu gefährlich. Gerade im Grundstudium werden Sie sehr viel Sport bei uns machen und dafür müssen Sie fit sein.«

»Aber ich bin doch fit und das Training ist nur einmal die Woche, das ist jetzt nicht so viel.«

»Herr Hoffmann, widersprechen Sie mir nicht. Ich rate Ihnen ganz dringend davon ab, weiterhin Football zu spielen. Wenn Sie sich verletzen, können Sie Ihr Grundstudium nicht durchziehen. Fragen Sie sich, was Ihnen wichtiger ist!«

Wirklich ein sehr unerfreuliches Gespräch. Ich hatte echt sehr viel Bock auf Football und sah nicht ein, es an den

Nagel zu hängen, nur weil der Typ meinte, es sei zu gefährlich. Ich stand voll im Saft, mir würde nichts passieren.

Vier Wochen nach diesem Gespräch erlitt ich einen Meniskusanriss während des Football-Trainings. Das war eigentlich der Wink mit dem Zaunpfahl, der Zeitpunkt, um mit dem Football zumindest für eine gewisse Zeit zu pausieren. Ich war glimpflich davongekommen und erholte mich relativ schnell wieder. Aber dann durften die Dortmunder Giants ein Trainingsspiel gegen den Bundesligisten Düsseldorfer Panthers ausführen. Das konnte ich mir einfach nicht entgehen lassen. Wann bekommt man schon mal die Chance dazu?! Klar, einhundertprozentig fit war ich nicht, das Knie war schon noch etwas lädiert, aber ich sagte meinem damaligen Coach, dass ich unbedingt spielen wollte. Nicht die hellste Aktion in meinem Leben, aber gut. Der Coach stellte mich auf.

Unsere Offence hatte den Ball. Wir formierten uns an der Line of Scrimmage, ich rannte meine Route, der Quarterback passte den Ball zu mir. Ich sprang hoch, berührte den Football kurz mit meinen Fingerspitzen und wurde unmittelbar von zwei Gegenspielern getackled. Das Ergebnis: Kreuzbandriss. Sechs Monate kein Sport. Das Grundstudium war so unmöglich. Was dann folgte, ist mir bis heute noch ein Rätsel. Offenbar wollte die Uni an mir ein Exempel statuieren, denn der besagte Arzt verlangte, dass ich mich exmatrikulierte.

»Ich habe Ihnen gesagt, lassen Sie das mit dem Football. Sie wollten nicht hören – und jetzt sehen Sie ... Nun brauchen Sie sechs Monate und ob Sie jemals wieder die gleichen Leistungen bringen können, wie zuvor, ist sehr fraglich. Jetzt exmatrikulieren Sie sich und gehen in Reha!«

Das passte mir überhaupt nicht. Vor allem finanziell war das ein Problem. Man muss sich ganz anders versichern, wenn man kein Student mehr ist. Bafög gab es auch keines mehr. Aber ich konnte nicht dagegen vorgehen. Gut, hätte man einen gewissen Rechtsbeistand gehabt oder sich von dem »Vertrauenslehrer« oder Professor nicht so einschüchtern lassen, wäre es möglicherweise irgendwie gegangen. Aber das war bei mir leider nicht der Fall.

Die Reha dauerte dann tatsächlich knapp ein Jahr. Eine recht schwere Zeit für mich. Auch hier hielt ich mich mit meinen Auto-Geschäften und als lebendige Litfaßsäule über Wasser.

Der Super-GAU kam dann allerdings, als ich mein Studium wieder aufnehmen wollte. Einfach dort weitermachen, wo ich aufgehört hatte, ging nicht. Ich musste erneut eine Sportprüfung ablegen, allerdings eine abgespeckte, um überhaupt reinzukommen. Das kam für mich aber noch viel zu früh. Das Vertrauen in das Knie war noch nicht da und ich konnte die geforderten Leistungen nicht erbringen. Der Professor, der mich damals mehr oder weniger zur Exmatrikulation gezwungen hatte, ließ es sich tatsächlich nicht entgehen, auch hier einen bissigen Kommentar abzugeben: »Ich wusste, dass Sie das verkacken.«

Da stand ich nun mit fünfundzwanzig Jahren ohne Studium und Ausbildung. Panik umschreibt das Gefühl zwar nicht treffend, aber ich fühlte mich schon ziemlich schlecht. Alles, was nach dem Abitur beruflich passierte, hatte ich mir ganz anders vorgestellt. Es war frustrierend, dass nichts, was ich versucht hatte, funktioniert hatte. Spätestens jetzt sollte man meinen, dass ich mal auf die Idee gekommen wäre, den Weg in die Autoindustrie einzuschlagen. Aber mir kam das nach wie vor nicht in den Sinn. Für mich waren Autos und Tuning Leidenschaft und Hobby. Ich hatte das nie als »Arbeit« angesehen und somit auch nicht als Job in Betracht gezogen.

Meine Mutter reagierte zum Glück sehr verständnisvoll und machte mir keinerlei Vorwürfe. Das fand ich extrem cool von ihr, muss ich sagen. Klar hätte man mir vorwerfen können, dass es einfach unnötig war, mit einem bereits angeschlagenen Knie Football zu spielen. Aber das tat sie nicht. Zudem sprach ich mit ihr ganz offen darüber, wie es mir ging. Und ebenso ließ ich sie wissen, dass ich etwas tun wollte. Ich hatte nicht vor, einfach nur herumzusitzen und abzuwarten, was passierte. Studieren kam für mich allerdings nicht mehr in Frage. Dafür hatte ich zu viele negative Erfahrungen mit Unis und Professoren gemacht. Ich entschloss mich zu einer Ausbildung zum Werbekaufmann bei einer klassischen Werbeagentur in Dortmund. Durch mein Abitur und mein zumindest angefangenes Studium konnte ich die Ausbildung verkürzen. Da ich dazu in der Berufsschule gute Noten ablieferte, war es mir möglich, die Ausbildung in unter zwei Jahren abzuschließen.

Letzten Endes musste ich auf diese Berufsausbildung jedoch nie zurückgreifen.

Geschäftsmodelle

Tuning und die ganze Leidenschaft drumherum ist leider alles andere als billig. Also ist man ständig auf der Suche nach Möglichkeiten, schnell und unkompliziert an Geld zu kommen. Nein, mit Drogen zu dealen habe ich dabei nicht im Sinn. Es muss schon legal sein.

Da es freitagnachts auch nach dem Kauf meines Golfs immer noch ein absoluter Pflichttermin war, den frisch gedruckten Reviermarkt zu checken, entwickelte ich ein ganz gutes Verständnis dafür, welche Modelle zu welchem Kurs gehandelt wurden. Aus diesen zum Teil völlig unkonkreten Suchen ist so etwas wie eine Sucht geworden. Ich musste einfach wissen, was im Markt abging, wo ich möglicherweise ein kleines aber gutes Geschäft machen konnte.

Eines Tages wurde ich von einem Bekannten angesprochen, der jemanden kannte, der einen silbernen BMW 316i günstig abgeben wollte. Absolut kein Auto, das auf meiner Wunschliste stand. Mit dem Motor von dem 316i zieht man einfach keinen Lachs vom Teller. Was mich allerdings sofort hellhörig machte, war der Preis: Siebzehntausend Mark sollte er kosten. Ich wusste aus dem Reviermarkt, dass vergleichbare Modelle locker für Zwanzigtausend gehandelt wurden. So war mir klar, dass das ein super Geschäft werden musste, bei dem ich gar nicht verlieren konnte. Es gab nur ein Problem: Ich hatte nicht mal annähernd so viel Kohle!

Was tun? Diesen Deal wollte ich mir auf keinen Fall durch die Lappen gehen lassen. Ich fuhr zu dem BMW und schaute ihn mir an.

Ganz BMW-Fahrer-typisch war der Wagen in einem einwandfreien Zustand, ohne erkennbare Mängel, einfach ein sauberes Auto. Dieses Auto würde ich locker für zweiundzwanzigtausend Mark inserieren und nach einigem Handeln für zwanzigtausend verkaufen können.

Meine kleinen Tuningteile-Tauschgeschäfte und der Nebenjob im Supermarkt hatten mich aber bisher nicht an so viel Kohle kommen lassen. Auch meine Mama hatte nicht mal annähernd so viel auf dem Konto. So beschloss ich, dahin zu gehen, wo man dieses Geld hat: zur Sparkasse Westfalendamm. Mit meinen knapp neunzehn Jahren, Jeans, Turnschuhen und dem besten Kapuzenpulli, den der Kleiderschrank hergab, stapfte ich also voller Überzeugung in die Sparkasse und tat dem Herrn am Schalter ganz seriös kund, dass ich wegen eines Kredites über einen fünfstelligen Betrag hier war. Das süffisante Lächeln hätte er sich meiner Meinung nach auch sparen können, aber gut ...

Kurze Zeit später durfte ich mit einer Frau Maier in ein separates Büro wechseln. Das war für mich schon mal ein erster Teilerfolg – war ich zumindest nicht direkt beim Türsteher gescheitert.

»Siebzehntausend Mark ist aber eine recht große Summe für einen so jungen Mann wie Sie. Darf ich fragen, wie alt Sie sind?«

»Ja, das ist schon viel Geld, da gebe ich Ihnen Recht. Aber lassen Sie sich von meinem jungen Alter – ich werde bald zwanzig – nicht täuschen. Ich kenne mich sehr, sehr gut im Automarkt aus und stehe vor einem todsicheren Geschäft.«

»Herr Hoffmann, das will ich Ihnen gerne glauben. Aber haben Sie denn irgendwelche Sicherheiten, die Sie uns für das geliehene Geld bieten können?«

Wie sich herausstellte, reichte mein regelmäßiges Einkommen beim Supermarkt nicht aus, mir den Kredit zu bewilligen.

»Gibt es denn sonst irgendeine Möglichkeit, mir das Geld zur Verfügung zu stellen?«

»Hätten Sie denn einen kreditwürdigen Bürgen?«

Ich dachte angestrengt nach. »Meine Mutter!«

Frau Maier huschte das gleiche Lächeln über das Gesicht wie zuvor dem Schalterbeamten. Aber das war mir in dem Moment fast egal. Meine neue Mission war jetzt, dass ich meine südafrikanische und von Autos überhaupt keine Ahnung habende Mutter davon überzeugen musste, für mich zu bürgen, sodass ich einen Kredit aufnehmen konnte, um mir einen BMW zu kaufen.

Auf dem Heimweg von der Bank besorgte ich erst einmal Mamas Lieblingskekse. Das kann schon mal nicht schaden, dachte ich mir. Dann legte ich mir einen Plan zurecht. Klar, meine Mutter hatte keine Ahnung von Autos, aber auch ihr müsste ja einleuchten, dass man sich so ein sicheres Geschäft nicht entgehen lassen konnte.

Ich wartete abends, bis meine Mutter von der Arbeit nach Hause kam. Ihre Kekse hatte ich bereits auf dem Wohnzimmertisch auf einem Teller platziert.

»Du, Mama, ich wollte dich etwas fragen.«

»Ja, dann frag doch einfach.«

»Mir wurde ein Auto angeboten, von einem Bekannten. Der verkauft den Wagen dreitausend Mark unter dem eigentlich gehandelten Preis.«

»Und?«

»Ich könnte ihn kaufen und mit garantiertem Gewinn wieder verkaufen.«

»Und warum ist das mein Problem?«

»Mir fehlt das Geld dazu.«

»Dann kaufst du es nicht, so?«

»Aber das ist echt ein guter Deal!«

»Was ist das für ein Auto?«

»Ein BMW.«

Meine Mama stieß einen herzhaften Lacher aus. »Ein BMW – so ein junger Kerl wie du will BMW fahren?«

Ich zog meine Reviermarkt-Anzeigen hervor. »Nein, Mama, so ist es nicht!«

»Wenn du meinst, du musst so ein Auto fahren, dann geh Geld verdienen, von mir kriegst du nichts. Du spinnst!«

»Jetzt warte doch mal, Mama. Ich will das Auto doch gar nicht unbedingt fahren. Ich will nur ein Geschäft damit machen. Schau mal hier, im Revieranzeiger, da werden die gleichen Autos für zwanzig- bis zweiundzwanzigtausend Mark gehandelt. Ich kaufe den und verkaufe den direkt wieder und dann hab ich dreitausend Mark Gewinn gemacht!«

»Wenn sie da drin sind, dann wurden sie schon verkauft. Vielleicht braucht man nicht noch einen.«

»BMWs werden immer verkauft. Es gibt ja nicht nur einen Menschen in Dortmund, der BMW fährt. Bitte, Mama, glaub mir, das ist ein sicheres Geschäft. Ich werde damit garantiert Geld verdienen. Auf keinen Fall werde ich Geld verlieren!«

»Du und deine Autos, du spinnst! Außerdem habe ich sowieso nicht so viel Geld.«

»Nein, du musst auch nur bei der Bank für mich bürgen ...«

Meine Mutter hat noch eine ganze Weile protestiert, aber ich hatte irgendwie immer das Gefühl, dass ich sie rumkriegen würde. Für mich bestand aber auch wirklich nie ein Zweifel, dass das ein guter Deal werden würde. Und dieses Gefühl konnte ich nach einigen Diskussionen auch meiner Mutter vermitteln. Sie vertraute mir.

Am nächsten Tag gingen wir zurück zur Sparkasse, meine Mama bürgte und ich bekam siebzehntausend Mark in bar. Ich erinnere mich an dieses extrem seltsame Gefühl. Ich hatte noch nie zuvor so viel Bargeld in meiner Hand gehabt. Es fühlte sich surreal an. Außerdem schaute ich auf dem Rückweg immer über meine Schulter, denn ich hatte ein wenig Schiss, ausgeraubt zu werden. Aber gut, wie viele Neunzehnjährige rennen schon mit so viel Bargeld in der Tasche rum?

Um es kurz zu machen: Ich kaufte den BMW für siebzehntausend und etwa eine Woche später verkaufte ich ihn tatsächlich für zwanzigtausend Mark. Ich hatte recht behalten. Das war auch extrem wichtig. Somit konnte ich das Vertrauen, das meine Mutter in mich gesetzt hatte, unmittelbar bestätigen. Das Schönste war natürlich, dass ich nach nur einer Woche Abwarten dreitausend Mark mehr hatte!

Ich ging, in meinem Triumph schwelgend, zurück zur Sparkasse Westfalendamm. Den arroganten Heinis wollte ich es zeigen. Bereits nach einer Woche hatte ich mein Versprechen wahr gemacht – und nun wollte ich ihnen sofort wieder die Kohle auf den Tisch legen. Aber dann lernte ich ein Wort kennen, das ich noch nie zuvor gehört hatte: Vorentgeld-Zinsen.

Strafe zahlen, weil man den Kredit nicht über die gesamte Laufzeit in Anspruch nimmt?! Ich dachte, das wäre ein schlechter Scherz. Und ich wollte mich auf gar keinen Fall darauf einlassen, denn das würde bedeuten, dass von meinem großartigen Gewinn kaum noch etwas übrigbleiben würde. Interessant, oder? Egal was man macht, die Bank gewinnt immer ...

Nach kurzer Überlegung, wie ich mit der Situation umgehen sollte, beschloss ich, das Geld einfach zu behalten. Zum Glück war meine Mutter auf meiner Seite, als ich ihr von dieser unglaublichen Regelung der Bank berichtete. So hatte ich plötzlich, sozusagen aus der Not geboren, Kapital in der Hand, um damit zu arbeiten – was ich auch tat. Ab diesem Zeitpunkt kaufte und verkaufte ich am laufenden Band Autos. Dabei habe ich immer einen kleinen Schnitt gemacht.

An alle Steuerfahnder da draußen: Das waren alles private An- und Verkäufe. Nur eben, dass ich meistens etwas mehr zurückbekommen habe, als ich ausgeben musste. Damals ging das auch noch. Heutzutage würde ich das auf keinen Fall mehr machen. Ein privater Gebrauchtwagenkauf ist immer mit einem gewissen Risiko verbunden. Doch mittlerweile checken die Leute das nicht mehr. Wehe, da ist was an dem Auto dran, da wird man seines Lebens nicht mehr froh.

Für mich eröffnete sich jedenfalls durch diesen Kniff im Kreditvertrag eine neue Möglichkeit, die ich gut zu nutzen lernte.

Wenn man meine Mama übrigens heute danach fragt, sagt sie immer, sie wüsste schon damals, dass ich einen guten Riecher bei Autos habe. Das stimmt in meiner Erinnerung nicht ganz so. Ihr Standardspruch war: »Gib Geld lieber für was Vernünftiges aus!«

Aber so ist das ja manchmal mit der Erinnerung, der eine hat diese, der andere jene – je nach Blickwinkel.

Anfängerfehler, Teil 1

Inzwischen habt ihr ja schon zu eurer totalen Überraschung erfahren, dass auch ich nicht als Meister vom Himmel gefallen bin. So, wie ich beim Tuning meine Lektionen lernen musste, erging es mir auch bei den Deals mit Gebrauchtwagen.

Eine ganz, ganz wichtige Regel für den Gebrauchtwagenkauf: Schaut euch den Wagen immer von allen Seiten an und zwar in ausreichend hellem Tageslicht! Das Brechen dieser Regel musste ich bitter bezahlen.

Gerade hatte ich mein VW-Passat-Projekt beendet. Viele von euch könnten nun denken: Warum tunt denn der Irre einen Passat? Aber mich haben solche Herausforderungen und eher unkonventionellen Geschichten schon immer am allermeisten interessiert. Außerdem stand der echt ziemlich gut da, mit Duplexanlage und Porscherädern. Eine geradezu visionäre Leistung: Jahre bevor VW und Porsche tatsächlich vereint wurden, habe ich die beiden zusammengeführt. Das aber nur am Rande.

Sobald ein Projekt zu Ende ist, verliere ich das Interesse daran und suche mir wieder etwas Neues. Es kommt nur selten vor, dass ich ein Auto unbedingt behalten möchte. Manche meiner Freunde behaupten zwar etwas anderes, aber immerhin ist das hier mein Buch! Ich inserierte also den Passat und schon kurze Zeit später kam jemand vorbei, der ihn kaufen wollte.

Es dämmerte bereits, als es an der Tür klingelte. Ich sprintete die Treppen runter, öffnete die Türe und sah den Herrn bereits an meinem Auto stehen. Er war im mittleren Alter, rauchte eine Zigarette und schien sich bereits in das Auto verliebt zu haben.

»Hallo, ich bin Sidney!«

»Guten Abend, Denossy mein Name. Ich interessiere mich sehr für Ihr Auto.«

Während ich ihm alle meine Umbaumaßnahmen aufzählte, fiel mir ein unangenehmer Geruch auf. Eine pikante Mischung aus kaltem Rauch und Tier. Generell war der Herr doch relativ ungepflegt. Er lief ein bisschen ums Auto rum, aber mir war schon nach der ersten Sekunde klar, dass er den Wagen nehmen würde.

»Alle Originalteile sind selbstverständlich noch vorhanden und im Preis inklusive.«

»Ah, wunderbar. Ich hätte da noch eine Frage, würden Sie auch einen Wagen in Zahlung nehmen?«

Heutzutage ist das undenkbar und auch damals war es eher ungewöhnlich, bei einem Privatkauf ein Auto in Zahlung zu nehmen. Aber ich dachte mir, dass das eigentlich ganz praktisch wäre. Denn so hätte ich direkt ein Übergangsfahrzeug, bis ich das nächste Projekt starten konnte.

»Was haben Sie da, einen Golf 3? Mit wie vielen Kilometern?«

Er nannte mir die Fahrzeugdaten und wollte tausend Mark dafür haben. Ich dachte mir: Was soll schon passieren? Der Wagen sah im Dämmerlicht gut aus. Er war ja mit dem Auto gekommen, dementsprechend musste der Motor wohl noch laufen. Da konnte ich doch nichts falsch machen. Wir wurden uns einig und er wollte am nächsten Tag mit dem

Geld, den Nummernschildern und eben allem, was man so braucht, wiederkommen.

Schon am nächsten Morgen war er wieder da und zahlte. Wir haben uns gegenseitig die Schlüssel übergeben und ich war froh, den Passat so schnell und reibungslos losgeworden zu sein. So hatte ich gleich wieder die Mittel für ein neues Auto zur Verfügung.

Was ich danach gemacht habe, weiß ich gar nicht mehr. Jedenfalls habe ich nicht direkt den Golf ausgecheckt, sondern irgendetwas anderes getan. Gegen Nachmittag bat mich meine Mutter, eine Kiste Saft zu kaufen. Ich nahm also zwei Kisten Leergut, den neuen Schlüssel, und ging zu dem Golf 3. Ich öffnete den Kofferraum und fiel fast um. Die beinahe grüne Stinkwolke, die dieses Auto ausstieß, lässt sich schwer beschreiben. So etwas hatte ich noch nie zuvor wahrgenommen. Ich habe keine Ahnung, wie viele Hunde dieser Mann besessen haben musste. Es roch nach einigen Hundert. Und es war so abartig, dass ich zunächst dachte, eines der Tiere sei verendet und im Kofferraum vergessen worden. Immerhin war das wohl nicht der Fall ...

Geradezu todesmutig öffnete ich die Fahrertür. Jeder, der Auto fährt, kennt das: Man macht eine Autotür nicht einfach so auf. Man öffnet die Türe und ist bereits automatisch in dieser »Ich will mich reinsetzen«-Bewegung. Auch ich war im Begriff, dies zu tun, aber unterbrach die Bewegung instinktiv und ging zwei Schritte zurück. Die Fahrertür ließ ich dabei geöffnet.

So sah im nun im hellen Tageslicht das volle Ausmaß eines Trauerspiels, welches irgendwann einmal ein Golf-3-Innenraum gewesen sein musste. Der Dachhimmel hing runter und war völlig versifft. Auf den Armaturen klebten mehrere Schichten aus Nikotin, Tierhaaren und Staub. Die Schaltkulisse war gebrochen und die ursprüngliche Sitzfarbe nicht mehr erkennbar.

Ich bekam eine Gänsehaut und ein mulmiges Gefühl im Magen. Dieser Golf 3 war mit Abstand das ekligste Auto, das ich bis heute gesehen habe. Ich kann mir auch nicht erklären, wie es zu diesem traurigen Zustand kommen konnte. Der muss da mit Hunden und Wildschweinen eine ganz abgefahrene Orgie gefeiert und täglich eine Schachtel Kippen bei geschlossenen Fenstern durchgezogen haben. Und hauptberuflich muss er Kanalarbeiter gewesen sein. Die Sitze waren dermaßen verdreckt, dass ich keine andere Erklärung dafür finden kann. Ich nahm mir ein paar alte Decken, solche die man danach wegschmeißen kann, legte den Fahrersitz damit aus und setzte mich rein. Die Fensterkurbel anzufassen, um für etwas frische Luft zu sorgen, erforderte bereits Überwindung. Ich versuchte, mit möglichst wenig direktem Hautkontakt das Auto zum Getränke- und Baumarkt zu fahren. Beim Baumarkt deckte ich mich mit jeglicher Schutzausrüstung ein, die ich finden konnte: weißer Anzug, Atemmaske gegen Feinstaub, Handschuhe. Außerdem kaufte ich jegliches erdenkliche Putzmittel.

Ich fuhr zum nächsten Waschpark und legte meine *Breaking-Bad*-Montur an. So fühlte ich mich einigermaßen sicher. Ich begann, das Auto von innen zu putzen, und kämpfte mich da drin durch, bis es dunkel war. Bis ich tatsächlich fertig war und man das Auto einigermaßen gut benutzen konnte, dauerte es aber noch mehrere Tage. Was ich alles zwischen den zahlreichen Ritzen und unter den Sitzen gefunden habe, darüber möchte ich nicht sprechen.

Aber lasst es euch gesagt sein: Kauft nie, nie, nie ein Auto, ohne es vorher genau anzuschauen. Ehrlich gesagt hätte in diesem Fall sogar ein kurzer Seitenblick in den Innenraum ausgereicht, um mir diesen Horror zu ersparen.

Anfängerfehler, Teil 2

In der Autoszene Dortmunds war ich mittlerweile bekannt wie ein bunter Hund. Die Leute kamen zu mir, wenn sie ihr Auto tunen wollten und nicht wussten, woher man die Teile bekommt oder wie man sie dranschraubt. Ich war eine Art Vermittler, eine Schaltzentrale zwischen dem Dortmunder Autogewerbe und den Tuning-willigen Jungs von der Straße. Im Prinzip war die Szene ähnlich einer Ü-Eier-Tauschbörse. Man kaufte und verkaufte untereinander Autos, Tuningteile, einfach alles Mögliche. Manchmal ging ein- und dasselbe Teil immer wieder hin und her.

Ich lernte dabei natürlich immer mehr Händler kennen. Einer von ihnen war Günther, sprich »Jünta« – ein Autohändler, ursprünglich aus Köln, der in großen Mengen Gebrauchtwagen einkaufte und an Endkunden weiterverkaufte. Er meinte eines Tages zu mir, er hätte einen Lancia Dedra bei sich auf dem Hof stehen, ob ich den nicht haben wollte.

»Wat soll ich denn mit nem Lancia Dedra?«

»Na, du machst doch auch immer wieder mal schönes Toto mit Jebrauchtwagen.«

»Ja, aber warum verkaufst du ihn nicht selber?«

»Der hat nen Jetriebeschaden.«

»Na super!«

Man sollte stutzig werden, wenn ein Händler – sei es Auto-, Teile-, Elektronik- oder sonst irgendein Händler – *kein* Geld verdienen will und einem einfach etwas anbietet.

Aber ich kannte Günther schon eine Weile und ich wusste, dass er mir nichts Böses wollte.

»Und wie soll ich den mit kaputtem Getriebe verkaufen? Den kann man dann ja nicht mal Probefahren.«

»Hürens. Isch han eene, der repariert dir dat janz jünstig und dann kannste en tipptopp verkaufen.«

»Warum machst du das dann nicht selber?«

»Isch han kein Zigg, mich mit dem klein Driss uffz'halde.«

Für mich klang das alles ganz schlüssig. So ging ich zu Günther und kaufte für siebenhundert Mark den Lancia Dedra mit Getriebeschaden. Ich durfte den Wagen in seiner Werkstatt lassen und Günther vermittelte mir den Kontakt zu jenem Mechaniker, der ihn günstig reparieren sollte.

Noch am selben Tag rief ich an.

»Ja?!«

»Ähm, ja, hallo, hier ist Sidney. Der Günther hat mir deine Nummer gegeben. Er meinte, du könntest für einen guten Preis das Getriebe von nem Dedra reparieren?«

»Ja.«

Mehr sagte er nicht, was mich etwas stutzig machte und eine seltsame Pause am Telefon entstehen ließ.

»Ähm, okay, also kannst du das machen?«

»Ja.«

»Okay, super, und wann?«

»Samstag.«

»Ja, okay, kein Problem. Treffen wir uns dann bei Günther?«

»Ja.«

Wieder eine unangenehme Pause.

Ich rechnete damit, dass er noch irgendetwas sagen würde, aber es kam nichts mehr.

»Gut, dann Samstag, 15 Uhr?«

»Okay«

»Alles klar, bis dann!«

Mein Gesprächspartner legte auf, ohne Tschüss zu sagen. Ein Telefonat, das ich nie vergessen werde. Hätte ich Günther nicht schon eine Weile gekannt, hätte ich sofort panisch bei ihm angerufen. Sonderlich vertrauenerweckend war das Telefonat mit seinem Mechaniker nicht gerade gewesen.

Am Samstag stand ich dann bei Günther auf dem Hof. Der Mechaniker kam relativ pünktlich angefahren.

»Hallo! Ich bin Sidney, wir haben telefoniert.«

Er schaute mir ganz kurz in die Augen und reichte mir die Hand. »Hi.« Er lief um den Dedra.

»Ja das ist das gute Stück. Günther sagte mir, dass er ein Getriebeschaden hat, aber ansonsten in Ordnung ist.«

Keine Reaktion.

»Wie viel nimmst du denn fürs Reparieren?«

»Zweihundert.«

»Abgemacht und wann kann ich ihn wieder abholen?«

»Wenn er fertig ist.«

Okay, dachte ich mir, er ist kein Mann der vielen oder großen Worte. Immerhin bringt er die Sache auf den Punkt. Ich als jemand, der gern sehr viel redet, fand das zwar etwas befremdlich, aber irgendwie war mir der Kerl trotzdem sympathisch.

Günther rief von da ab häufiger an und bot mir defekte oder verunfallte Wagen an. Die wiederum brachte ich zum stillen Mechaniker, der sie auf Vordermann brachte, bis man sie wiederverkaufen konnte. Ich lernte in dieser Zeit enorm viel von Günther in Sachen Gebrauchtwagen. Von welchen

Schäden lässt man besser die Finger. Welche Geschichten sehen dramatisch aus, sind es aber nicht. Günther erkannte sich selbst in jüngeren Jahren in mir. Ein junger Kerl mit wenig Geld, der versucht, schnell an welches zu kommen, um es dann für Tuning wieder aus dem Fenster zu werfen. Ich war ihm einfach sympathisch und er subventionierte mich sozusagen mit seinen Tipps und günstigen Unfallwagen. Im Gegenzug versorgte ich ihn immer wieder mit Kunden. Wenn mich jemand fragte, in welche Werkstatt er gehen oder wo er am besten ein Auto kaufen sollte, dann schickte ich die Leute immer zu Günther.

Das Gute daran war auch, dass nie Beschwerden kamen. Dortmund war für dieses Geschäftsmodell geradezu prädestiniert. Es lief stets nach dem Motto: Eine Hand wäscht die andere.

Aber das Beste: Der stille Mechaniker war natürlich niemand anderes als Pedro! Am Anfang hatten wir eine reine Geschäftsbeziehung. Das lag natürlich unter anderem auch daran, dass er einfach nicht gesprochen hat. Aber irgendwann stellte sich heraus, dass wir uns wunderbar verstanden. Und von da an passierte es mir nie wieder, dass mir meine Abgasanlage runterfiel oder gleich das ganze Auto von den Böcken krachte. Ab diesem Zeitpunkt war Pedro der Mann fürs Schrauben.

Und noch eine ganz wichtige Erkenntnis erlangte ich in dem ganzen Prozess: Lancias lassen sich nicht verkaufen. Der Wagen stand im Prinzip einwandfrei da. Der Motor lief gut, das Getriebe war jetzt hervorragend, kaum Gebrauchsspuren, und er war bisher auch recht wenig gelaufen. Ausgeschrieben habe ich den Wagen für tausendfünfhundert

Mark. Der Kaufpreis betrug ja siebenhundert, Pedro hatte zweihundert bekommen, also eigentlich ein fairer Preis. Aber es kam und kam einfach niemand, um dieses Glanzstück der italienischen Automobilindustrie zu erwerben. So entpuppte sich der schnelle Deal zu einem kleinen Desaster, indem das Geld quasi tot im Lancia schlummerte. Ich meine, durch diese Geschichte habe ich Günther noch besser und Pedro überhaupt erst kennengelernt, also war es in der Hinsicht auf alle Fälle ein Erfolg. Aber finanziell schien die Kiste recht lange eine Katastrophe zu sein. Nach etwa anderthalb Jahren erbarmte sich endlich jemand und kaufte mir den Wagen ab.

Felgen aus Holland

Im Sommer 2006 konnte ich meinen neuen Polo GTI abholen. Durch meine ganzen Nebenjobs und das Reparieren und Verscherbeln der Unfallautos war glücklicherweise genug übergeblieben, dass ich mir einen neuen GTI leasen konnte. Das erste, was selbstverständlich flöten ging, waren die Serienfelgen ...

Vielleicht nutze ich diesen Aufhänger kurz, um zu erklären, warum man das eigentlich macht. Zunächst einmal geht es dem Tuner darum, sein Auto möglichst individuell umzugestalten. Mit vielleicht auch nur ganz kleinen Details zu zeigen: »Ich bin anders. Ich finde mich nicht mit dem ab, was der Hersteller für cool ansieht. Ich habe einen eigenen Stil, einen eigenen Geschmack und das macht mich besonders und zeichnet mich aus.«

Ich denke mal, jeder Tuner wird mir dabei zustimmen, auch wenn er es vielleicht nicht aussprechen mag. Es geht darum, sich von der breiten Masse abzusetzen.

Das Problem im Tuning ist, wie auch in der Mode, Musik und so weiter, dass es Trends gibt. Zeitliche Phasen, in der diese Felgen oder jene Body-Kits (Anbauten wie Spoiler, Verbreiterungen etc.) gerade total gefragt sind. Das wiederum führt dazu, dass in der Zeit jeder oder zumindest sehr viele mit den gleichen Felgen durch die Gegend fahren. Für mich gab und gibt es nichts Schlimmeres, als dass jemand mit den gleichen Felgen auf einem Tuningtreffen ist wie ich. Oder noch furchtbarer: Gleich mehrere

Leute haben die gleichen Felgen, das ist dann der absolute Overkill.

Felgen sind hier auch ein gutes Beispiel. Denn in der Regel sind sie die »Einstiegsdroge« ins Tuning. Kotflügel ziehen, Verbreiterungen, Body-Kits, das ist nicht jedermanns Sache, denn das kostet Zeit und Geld. Aber »individuelle« Felgen sind schnell mal gekauft und in entsprechender Stückzahl produziert sind die besonderen Felgen auch nicht mehr allzu teuer.

Diese Tatsache macht es aber jemandem wie mir, der immer auf der Suche nach Dingen ist, die nicht im Trend liegen, die anders sind, relativ schwer. Ich meine, im Ruhrpott der damaligen Zeit fuhren bestimmt dreißig Prozent der Autos nicht mit ihren eigentlichen Serienfelgen herum. Felgen zu finden, die niemand sonst hatte, war eine enorme Aufgabe. Die nächste Hürde für außergewöhnliche Felgen ist eine Eintragung beim TÜV. Bei den Standard-Tuningfelgen ist das überhaupt kein Problem. Aber bekomme mal eine Felge durch den TÜV, die der Prüfer noch nie gesehen hat! Auch da wieder: Die »normalen« Felgen stellen bei der Eintragung in der Regel kein Problem dar, anders als Body-Kits. Auch deswegen sind Felgen das beliebteste Tuningelement für Autofahrer.

Zurück zu meinem neuen Polo GTI. Ich wollte also unbedingt Felgen haben, die kein anderer hatte! Heutzutage ist das dank des Internets deutlich einfacher, aber damals war das nicht so fortgeschritten wie heute. Man fragte sich in verschiedenen Tuningläden oder auf Treffen irgendwie durch, um an einen Hersteller oder eine Marke zu gelangen, die man in Deutschland oder zumindest im Pott noch nicht kannte. Blöd ist auch, wenn man eigentlich gar nicht weiß, wie die Felgen denn aussehen sollen. Mittlerweile kenne ich dieses Problem von der anderen Seite. Bei mir in der Firma rufen immer wieder Leute auf der Suche nach Felgen an, die »anders« sind.

»Wie anders?«

»Na, was einem nicht an jeder Straßenecke begegnet.«

»Ja, aber in welchem Stil sollen sie denn sein? Oder welche Farben sollen sie haben? Wie viele Speichen? Matt, hochglänzend, einteilig, mehrteilig, geschmieded, Guss?«

... und so weiter und so weiter. Die Frage nach Felgen, die anders sind, kann man nicht einfach so beantworten. Und genauso wie meine Kunden mich heute damit zur Verzweiflung bringen, brachte ich damals die Tuningladenbesitzer zum Stirnrunzeln. Es fällt schwer, zu beschreiben, was man will, wenn man es auch einfach nicht weiß.

Ich erinnere mich daran, dass meine Kumpels vom Thema Felgen schon völlig entnervt waren: »Jetzt nimm doch einfach die Felgen, die da sind.« Aber je mehr ich so etwas hörte, desto mehr war mein Ehrgeiz geweckt, weiter nach »Felgengold« zu suchen.

Zu dieser Zeit waren Jean Pierre und ich wie Pech und Schwefel, wir verbrachten so gut wie jede freie Minute miteinander und philosophierten über Autos und Tuning. Und er verstand und unterstütze meine Suche nach den besonderen Felgen. Nach mehreren Monaten Recherche bekam ich irgendwann über drei, vier Ecken eine Adresse in Holland. Dort sollte eine Firma sein, die Felgen herstellte und aus dem Ausland importierte, die sonst niemand hätte. Die Firma hatte ihren Sitz in Hengelo, ganz in der Nähe von Enschede, etwa hundertfünfzig Kilometer nordwestlich von Dortmund.

Eines Tages fuhren Jean Pierre und ich also in das kleine Dorf in den Niederlanden, um zu sehen, ob es hier diese besonderen Felgen gab, die die Welt noch nicht gesehen hatte.

Bereits die Fahrt dorthin war für mich total aufregend. Wenn man so gar keine Ahnung hat, was einen dort erwartet und ob man hoffentlich endlich die Felgen findet, die einem total gefallen und die man zuvor noch nicht gesehen hat ... Am ehesten lässt sich das Gefühl mit einem Kind am Tag vor Weihnachten vergleichen. Wenn die Vorfreude am größten ist und man vor Neugier platzen könnte. Genau mit diesem positiven Kribbeln im Bauch bin ich an jenem Tag dorthin gefahren.

In Hengelo angekommen, fuhren wir zu der angegebenen Adresse. Als wir dort auf den Hof fuhren, machte sich allerdings schnell Ernüchterung breit. Die graue und etwas heruntergekommene Halle versprühte nicht sonderlich viel Esprit. Dazu wirkte das Ganze seltsam leblos. Wir klopften an einer der Eisentüren. Es regte sich gar nichts. Wir warteten einige Minuten, klopften immer wieder und waren eigentlich gerade im Begriff, das ganze Vorhaben wieder abzublasen, da öffnete ein blasser Holländer die Türe.

»Ja?«

»Yes, hello! We are here to buy rims.«

»Kom binnen«, murmelte er, was so viel heißt wie: »Komm rein.«

Wir betraten die kalte, etwas modrig riechende Industriehalle. So schlecht sie auch von außen ausgesehen hatte – innen tat sich ein wahres Felgenparadies auf! Felgen so weit das Auge reichte. Und das waren nicht die Nullachtfünfzehn-Dinger, wie es sie bei uns an jeder Straßenecke gab. Hier waren einige Felgen gelagert, die ich so tatsächlich noch nie gesehen hatte. Es war, als hätten wir eine Goldmine entdeckt. Später stellte sich dann tatsächlich heraus, dass dieses Gefühl der Realität doch sehr nahe kam.

Aber nicht in diesem Moment.

»Ey, Mann! Wir stehen in einer Halle voller Felgen, die kein Schwein bei uns hat!«

»Ich weiß.«

»Das ist das verdammte Paradies auf Erden!«

»Ich weiß.«

Ich fand nicht nur die Felgen für meinen Polo. Wir kauften direkt mehrere Sätze, so viele, wie eben ins Auto passten. Wir waren uns relativ sicher, dass wir die Felgen zurück in Dortmund gut weiterverhökern konnten.

Mit pickepackevollem Auto fuhren wir zurück nach Hause. Dort zog Pedro mir erstmal meine neuen Hat-die-Welt-noch-nicht-gesehen–Felgen auf. Unmittelbar danach stellten wir die anderen Felgensätze bei eBay ins Netz.

EBay boomte zu dieser Zeit. Jeder verkaufte alles Mögliche bei eBay. In einer absoluten Rekordzeit, innerhalb von wenigen Stunden, waren alle Felgen mit etwas Gewinn für Jean Pierre und mich verkauft. Es war unglaublich, wir hatten die Dinger kaum reingestellt, da schnellten sofort die Preise in die Höhe. Jean Pierre und mir war klar, dass wir hier ein super Geschäft gemacht hatten.

In der nächsten Woche nahmen wir einen Teil unseres Ersparten und fuhren erneut nach Holland. Wir wollten testen, ob das einmalig war oder ob sich hier tatsächlich die erhoffte Goldmine aufgetan hatte. Wir packten unseren Sprinter voll und stellten die Felgen erneut auf eBay. Die Dinger verkauften sich wie blöd, es war einfach unfassbar.

Sowohl Jean Pierre als auch ich waren zu diesem Zeitpunkt noch in der Ausbildung. Aber uns war beiden klar: Sobald wir damit fertig waren, würden wir nicht in unserem Job antreten, sondern eine Firma gründen und die Felgen verticken. Und so kam es auch: Five Star Performance war geboren.

Five Star Performance

Five Star Performance baute oder tunte am Anfang keine Autos und war auch keine Werkstatt. Five Star Performance war im Grunde nichts anderes als ein Felgenversandhaus. Wir holten die Felgen transporterweise aus Holland und verkauften sie mit ordentlich Gewinn auf eBay. Ein sicherlich hilfreicher Faktor war, dass die Holländer auch Designs von einer Firma im Programm hatten, die zu dieser Zeit extrem angesagt war, aber bald pleiteging. Die Holländer fertigten Nachbauten dieses Designs an – so konnte man den Look der Felge kaufen, deren Firma es gar nicht mehr gab. Es war wie eine Gelddruckmaschine.

Eine verhältnismäßig kleine Lagerhalle reichte bei den regelmäßigen Fahrten nach Holland aus. Dann kam quasi aus dem Nichts die erste Anfrage nach einem Umbau, nach Tuning abseits von Felgen. Zunächst lehnten wir das ab, aber als sich die Anfragen häuften, wollten wir die Kunden nicht länger vertrösten. Wir kauften Pedro ein, der dann nachts, nach seinem eigentlichen Job, bei uns noch Autos umbaute. Dafür wurde die Hebebühne von Günther genutzt. Was soll ich sagen, die Firma wuchs und wuchs, machte mehr und mehr Umsatz.

Wir zogen in ein anderes Gebäude mit Hebebühne und verpflichteten Pedro Vollzeit. Five Star Performance explodierte förmlich. Das Grundgeschäft war neben dem Import von Felgen der von Tuningteilen aus Amerika sowie Umbauten. Es war ein absoluter Bilderbuchstart. Es gab keine Sorgen oder Schwächeperioden oder Phasen, in denen man dachte: Oh, oh, wie soll das weitergehen? Ganz im Gegenteil. Es gab keinen einzigen größeren Rückschlag, es ging immer nur vorwärts. Was uns ebenfalls sehr half, war die Tatsache, dass sich die klugen Menschen bei Nissan dachten, sie müssten ein Fahrzeug auf den Markt bringen, das als Porschejäger funktioniert und dabei gerade mal die Hälfte kostet. Sie brachten 2002 den Nissan 350Z heraus. Ein Frontmotor mit 3,5 Liter Hubraum, 280 PS, 363 Newtonmeter und Hinterradantrieb. Eine reine Drift- und Fahrspaßmaschine mit hervorragenden Voraussetzungen fürs Tuning. Dieser Wagen kam dann circa 2006 auf den Gebrauchtwagenmarkt und war somit erschwinglich für zahlreiche Jungs im besten Tuningalter. Ich glaube, den Anfangserfolg von Five Star Performance verdankte die Firma genau diesen beiden Faktoren: dem Felgendesign, das jeder haben wollte, aber offiziell nicht mehr hergestellt wurde, und den jungen, hungrigen Nissan-350Z-Fahrern.

Wir machten uns einen Namen in der Tuningszene, was auch daran lag, dass Pedro einfach ein hervorragender Schrauber war beziehungsweise ist und wir fast nie einen enttäuschten Kunden hatten. Dazu kam, dass wir immer den Trend von morgen aufgespürt haben. Die Felgen, die wir am Auto hatten, wollten die anderen automatisch auch haben. Five Star Performance gewann immer mehr an Popularität, wir konnten uns vor Kundenanfragen kaum retten. Daher zogen wir erneut in eine größere Halle und stellten noch mehr Mitarbeiter ein. Jean Pierre war für die Werkstatt verantwortlich, ich kümmerte mich um den Ein- und Verkauf.

Es blieb in dieser Zeit kaum Zeit zum Nachdenken oder Durchatmen. Es passierte alles so unglaublich schnell und sehr, sehr erfolgreich. Es war eine absolut unfassbare und glückliche Zeit. Egal was man anpackte, es funktionierte.

Es dauerte auch nicht lange, da wurden die Fußballer von Borussia Dortmund auf unsere kleine Tuningschmiede aufmerksam. Jetzt ist es eine Sache, wenn man an einem Nissan 350Z schraubt. Wenn da mal etwas nicht funktioniert oder ein Teil kaputt geht, dann bestellt man das für ein paar Euro neu. Dagegen erinnere mich noch gut an das erste wirklich krasse Auto.

Ein Fußballer des BVBs ließ seinen Bentley direkt vom Werk an uns liefern. Er wollte den Wagen nicht haben, bevor er von uns fertiggetunt wurde. Fußballer eben ... sind halt doch ein wenig exzentrisch. Mir gefiel das gar nicht. Es war klar, dass wir für den Wagen Teile aus dem Ausland importieren mussten, was bedeutete, dass er eine recht lange Standzeit haben würde. Aber jeder weitere Tag, den der Wagen bei uns stand, erhöhte die Chance, dass ihm irgendetwas passierte: Kratzer, Delle, das Gaspedal eines anderen Fahrzeugs hängt fest und das rast dann in den Luxusschlitten ... ihr merkt, ich habe eine blühende Fantasie.

Ein Bild habe ich mir besonders genau ausgemalt: Der Bentley fällt von der Hebebühne. Stellt euch bitte mal den Anruf bei der Versicherung vor!

»Ja, hallo! Hoffmann hier von Five Star Performance. Hören Sie, ich muss Ihnen einen Versicherungsfall melden. Uns ist ein Kundenfahrzeug unverschuldet von der Hebebühne gefallen, sieht aus wie ein Totalschaden.«

»Wie bitte? Was für ein Wagen?«

»Es handelt sich um einen fabrikneuen Bentley.«

Das wäre der Genickbruch für ein Start-up-Unternehmen, da zahlt man sich ja dumm und dämlich! Mir war bei der Sache überhaupt nicht wohl. Aber was soll man machen? Der Kunde ist schließlich König. Und dieser König wollte den Wagen partout nicht haben, bevor er umgebaut war. Mit den Felgen, dem Fahrwerk und den Multimedia-Eigenschaften der Engländer war der Fußballprofi nicht zufrieden, wollte das Ganze daher mit etwas originalem Ruhrpott-Tuning veredeln.

Pedro ist da übrigens, ganz anders als ich, ein furchtbar cooler Hund. Ihm ist es völlig egal, ob er an einem Dacia Logan oder an einem Porsche Turbo S schraubt. Man muss sich das mal überlegen! Bei dem einen Modell geht was kaputt und es kostet dreißig Euro, bei dem anderen geht etwas kaputt und es kostet drei*tausend* Euro. Seine Reaktion: »Mir doch egal, ein Auto ist ein Auto.«

Ich meine, er hat da die absolut richtige Einstellung, er muss ja auch daran arbeiten. Aber ich schwitze bei solchen Aufträgen immer Blut und Wasser; und der Bentley war der erste dieser Art. Ehrlich gesagt ist das heute auch nicht viel besser. Außer wenn ich selber in Ruhe in der Werkstatt arbeiten kann. Dann habe ich das Risiko ja selber in der Hand.

Neulich hatten wir von einem Kunden jenen besagten Porsche Turbo S. Der Zuffenhausener hat eine Keramikbremse, die kostet mal entspannte zehntausend Euro. Dementsprechend wies ich Pedro darauf hin.

»Ja, okay«, war seine ausschweifende Antwort.

Oder wenn er an einer Abgasanlage etwas schneiden muss: »Du weißt, dass die Anlage dreizehntausend Euro kostet?«

Seine Antwort, gepaart mit einem leichten Stirnrunzeln, war: »Und?«

Ich meine, ich bewundere das total. Wenn man Angst hat, macht man Fehler. Das kann Pedro nicht passieren, dafür ist er viel zu entspannt.

Zum Glück besitze ich auch ein Talent: Ich kann solche Gedanken und Risiken ziemlich gut verdrängen. Der Trick ist, möglichst selten an dem Bentley vorbeizulaufen und sich mit anderen Aufgaben einzudecken, also möglichst wenig in der Werkstatt aufzuhalten. Frei nach dem Motto: aus den Augen, aus dem Sinn. Aber meine Manöver wurden von unserem Bentley-Kunden etwas vereitelt. Der konnte es nämlich kaum erwarten und kam praktisch jeden zweiten Tag vorbei, um den Wagen anzuschauen. Dabei brachte er häufig irgendwelche Freunde und Kollegen mit. Das Gute daran war, dass er natürlich indirekt Werbung bei all den anderen Profis für uns machte. Aber so habe auch ich fast täglich den Wagen und das verbundene Risiko gesehen. Als Verantwortlicher habe ich doch schon sehr viel geschwitzt, zumal dieser Wagen wirklich sehr lange bei uns in der Werkstatt stand ...

Letzten Endes konnten wir ihn erfolgreich und ohne Zwischenfälle umbauen und ausliefern. Mir fiel damals ein riesiger Stein vom Herzen. Und dieser erste erfolgreiche Auftrag auf sehr hohem Niveau brachte uns so manch anderen Kunden aus der Fußballwelt, was sich für uns sehr lohnte.

Wenn ich an diese Zeit zurückdenke, fallen mir sehr viele tolle und glückliche Momente ein. Wir arbeiteten sehr hart, aber wir hatten auch sehr viel Spaß. Mit dreißig Jahren konnte ich mir daraufhin den Wunsch erfüllen, selbst Porsche zu fahren.

Ich hatte es geschafft. Eine eigene Firma, die sehr gut lief, man konnte die Mitarbeiter bezahlen, hatte selbst ein anständiges Leben, noch etwas Geld für Spielzeug ... was will man mehr?

Die Polizei: mein Freund und Helfer, Teil 1

Ich habe bereits erwähnt, dass die Beziehung zwischen der Polizei und den tunenden Menschen eine besondere ist. Man bekommt schon im jungen Tuningalter von den älteren, erfahrenen Tunern eingeimpft, dass die Rennleitung dein Feind ist, die Spielverderber und so weiter. Ich habe einige Jahre und Erfahrungen gebraucht, um von diesem falschen Bild abzukommen.

Ich kann mir vorstellen, wie viele Tuner jetzt denken: Sid ist doch nicht normal, was erzählt der da für einen Stuss!

Aber es ist wirklich so. Die Polizisten haben sich die Spielregeln nicht ausgedacht. Sie werden lediglich dafür bezahlt, dass sie umgesetzt werden. Ob die ganzen Regelungen und Beschränkungen sinnvoll sind, steht auf einem ganz anderen Blatt. Doch die Polizisten sind es, die quasi an der Front stehen müssen.

Und ohne Frage, wie überall gibt es coole Beamte und dann wieder solche, mit denen man niemals ein Bier trinken gehen würde. Ich gebe zu, es gibt auch wiederum bei den coolen und bei den uncoolen Beamten Unterschiede wie das Reglement durchgesetzt bzw. ausgelegt wird. Der eine macht es menschlicher, der andere mit der Brechstange. Aber das ist immer und überall so und kein Phänomen, das sich auf Polizisten beschränkt. Die folgende Passage werden die erfahrenen Tuner unter euch gut kennen; und für die jungen Tuner ist sie vielleicht eine Lehre, damit sie es so nicht angehen.

Bevor man sich irgendwelche Teile an das Auto oder Motorrad schraubt, macht man sich meist »kundig«, was denn eigentlich alles so legal ist oder welches Vergehen wie viel kostet. Die Quellen für diese Recherche sind in der Regel fragwürdig. Die häufigste, weil scheinbar einfachste Quelle, sind die berühmt-berüchtigten Auto-Foren. Versteht mich bitte nicht falsch. Ich finde es toll, dass es diese Foren gibt, die haben auch alle ihre Daseinsberechtigung. Für etliche Themen rund ums Auto ist das sicher sinnvoll. Aber hier kann jeder, egal ob er tatsächlich Ahnung hat oder nicht, Dinge behaupten und als Fakten darstellen. Die Beurteilung anderer Mitglieder dieser Fakten muss genauso wenig stimmen wie die Fakten selbst. Foren sind somit als »Vorab-Rechtsberatung« in meinen Augen völlig ungeeignet. Gleiches gilt übrigens für Reparaturanleitungen, erst recht bei sicherheitsrelevanten Teilen. Bitte verlasst euch da nicht drauf. Klar schadet es nicht, sich erste, noch grobe Informationen einzuholen. Aber nehmt es nicht für bare Münze, sondern informiert euch bitte bei einem Fachmann.

Ich habe mich ebenfalls »schlau gemacht«, was angeblich in der deutschen Verkehrsordnung alles drinsteht, was man machen oder nicht machen darf und vor allem, was die Rennleitung alles machen darf und was nicht. Ich war neunmalklug, habe sogar Gesetzestexte gelesen, damit ich immer eine passende Antwort parat hatte. Ich wünschte, mich hätte damals jemand zur Seite genommen und gesagt: »Hey, Sidney, der Mensch in Uniform sitzt immer am längeren Hebel. Du weißt, dass du was gemacht hast, was du nicht darfst. Steh dazu.«

An alle Tuner da draußen: Nehmt das als Credo, wenn ihr wegen eures Tunings mit der Polizei in Kontakt kommt! Ihr werdet merken, dass die Kontrollen zumindest in einer deutlich besseren Atmosphäre ablaufen werden.

Aber leider hat mir das damals niemand gesagt. Ich war auf dem Trip, dass ich alles besser wüsste. Schließlich hatte ich mich ja schlau gemacht ...

Es war ein früher, lauer Mittwochabend in Dortmund. Ich hatte Zeit (das passiert mir heutzutage leider nicht mehr) und Bock mit meiner Ducati 748 noch mal eine Runde zu fahren. Das Ziel war die Hohensyburg, eine ganz schöne Motorradstrecke und ein beliebtes Ausflugsziel.

Jetzt könnte man dorthin wunderbar über Landstraßen kommen, aber dann hätte ja keiner gesehen, was für eine coole Ducati ich hatte. Dementsprechend fuhr ich also mitten durch die Stadt über den Wall. Ducati-Fans unter euch wissen, eine Duc fährt man immer mit offenen Termignonis. Ganz klar. Geht nicht anders.

An alle PKW- und Nicht-Duc-Fahrer: Termignoni ist eine italienische Firma, die »die« Performance-Abgasanlagen für Ducatis herstellt. Als Duc-Fahrer führt da einfach kein Weg dran vorbei. Ducs fährt man mit einer offenen Termignoni-Abgasanlage, ohne Silencer oder DB-Eater (um die Lautstärke zu reduzieren), leistungsoptimiert und dadurch bereits aus acht Kilometern Entfernung gut hörbar. Eine Ducati ist bereits durch das charakteristische Rasseln der Trockenkupplung lauter als die meisten anderen Motorräder, aber das reicht natürlich vorne und hinten nicht. Das Problem an dieser Haltung – eine Duc so und nicht anders zu fahren – ist, dass die Polizei erstens weiß, dass Ducati-Fahrer diese Haltung haben, und dass es zweitens schlicht und einfach nicht erlaubt ist.

Ich fuhr also in meinem jugendlichen Leichtsinn über den Wall, schön laut, damit möglichst viele Fußgänger und andere Verkehrsteilnehmer meine Duc bestaunen konnten und dadurch merkten, was für ein geiler Typ ich war. Gleichzeitig passte ich auf wie ein Luchs, damit die Polizei eben *nicht* mitbekam, was für ein toller Hecht ich war.

Ständig suchten die Augen die Kreuzungen und Ecken nach Polizisten auf Streife ab. Man musste sich ja »nur« rechtzeitig »unauffällig« verhalten (nochmals kurz als kleine Erinnerung: Im Zweifel hört der Beamte die Duc bereits seit acht Kilometern näher kommen). Dabei musste man besonders darauf achten, nicht in die Fänge eines Krad-(Kraftrad)-Polizisten zu geraten. Die Kollegen kennen sich in der Regel am besten aus, was Tuning angeht.

So fuhr ich also den Wall entlang, am Dortmunder Hauptbahnhof vorbei, immer möglichst auffallend und gleichzeitig auf der Hut vor Gesetzeshütern.

Kurz bevor ich den Stadtrand erreichte und sich die Anspannung – werde ich erwischt oder nicht – bereits gelöst hatte, tauchte wie aus dem Nichts ein Motorradpolizist in meinem Rückspiegel auf. Ich habe bis heute keine Ahnung, wo der herkam oder wie lange er mir bereits auf den Fersen war. Ich zog die Kupplung, um möglichst leise zu sein, aber dadurch kam sofort das Rasseln der Trockenkupplung durch (man muss einfach lernen, wie man mit einer Duc leise fährt). Sofort ging die Lampe an.

Aber es war ja alles gut! Ich, Sidney Hoffmann, hatte natürlich diverse Erklärungen und Ausreden aus meiner Recherche parat. Damit werde ich den Kollegen jetzt mal schön eindecken, dat wird schon, nur keine Hektik, denke ich.

»Na, wohin des Weges?«

»Kein bestimmtes Ziel, nur ein bisschen ausfahren, das schöne Wetter ausnutzen.«

»Verstehe, noch mal ausnutzen, bevor dann der Herbst wieder da ist.«

»Ganz genau, einfach genießen.«

»Aber doch nicht mit der Anlage?«

»Mit der Anlage? Warum, was ist verkehrt?« Da stehen die Cops total drauf, wenn man sich dumm stellt.

»Die Anlage ist offen, für den Rennbetrieb.«

Damit hatte sich der Beamte bereits mit einem Satz als Kenner geoutet. Der wusste: Man schläft mit geschlossenen Augen und man fährt Ducs mit offener Anlage. Aber diesen Faktor ignorierte ich einfach.

»Nein, nein, das ist alles in Ordnung so. Das ist eine Termignoni-Anlage, das gehört so, das ist eine Ducati-Performance-Anlage.«

»Mhm, mhm, sehr schön, aber nicht erlaubt.«

Scheint ein harter Knochen zu sein, dachte ich mir. Aber anstatt die Argumentationsstrategie den Gegebenheiten anzupassen, versuchte ich, mein bisheriges Argument weiter zu untermauern: »Nein, nein, das ist das Ducati-Performance-Paket. Das ist aufpreispflichtig! Habe ich mir mal gegönnt. Das ist zwar schon ganz schön teuer, aber lohnt sich total. Ich bin richtig stolz darauf.«

»Das ist schön, aber nicht erlaubt.«

Merkt ihr was? Ich war kreativ, überzeugend und voller Enthusiasmus. Währenddessen lieferte er zwei Mal nahezu identische Antworten und stärkte so seine Position. Den nächsten Schritt in meiner Verteidigungsstrategie kennt garantiert jeder Polizist, der jemals eine Verkehrskontrolle durchgeführt hat. Interessanterweise bringen Tuner die Ausrede aber immer wieder. Ihr wisst ja, Albert Einsteins

Definition von Wahnsinn ist, immer wieder das Gleiche zu tun und andere Ergebnisse zu erwarten.

Möglicherweise spricht man deswegen von Tuning-Verrückten ...

»Ja, gut, aber was soll ich denn jetzt machen? Die wurde mir so verkauft. Ich habe daran gar nichts gemacht. Ich kann ihnen gerne den Kaufvertrag zeigen. Da kann ich ja dann nichts dafür.«

Man muss sich das überlegen: Ich junger Vollhorst versuchte gerade, einem Profi in solchen Fragen zu erklären, was rechtens ist und was nicht. Klar fühlte sich der Mann verarscht und hatte keinen Bock mehr. Dementsprechend reagierte er.

»Alles klar, Sportsfreund, ich schreib dir jetzt eine Mängelkarte. Du hast eine Woche Zeit, das Teil TÜV- und gesetzeskonform umzurüsten und bei der Wache vorzufahren. Wenn dann alles passt, darfst du weiterfahren. Wenn nicht, legen wir die still. Wenn du nicht aufkreuzt, wirds richtig teuer.« Er drückte mir die Karte in die Hand. »Haben wir uns glasklar verstanden?«

»Ja.«

»Und jetzt fahren Sie auf direktem Wege nach Hause. Wenn ein Kollege Sie heute noch mal erwischt, gibt es richtig Kasalla. Klar?!«

»Ja.«

Ich verwandelte mich vom coolsten Duc-Fahrer aller Zeiten zum kleinlauten Jungen, dem man den Lutscher weggenommen hatte. Aber die Ansprache hatte gesessen und ich fuhr möglichst leise und auf direktem Weg nach Hause.

Das Blöde an der Geschichte war, dass ich die Original-Abgasanlage bereits verkauft hatte. Ich weiß, ich habe schon oft erwähnt, dass man die Originalteile nie verkaufen darf. Aber ich dachte mir, dass in diesem speziellen Fall eh kein Mensch eine Ducati mit Original-Abgasanlage haben wollte. Also musste ich mir jetzt diese Original-Abgasanlage besorgen und die ist bei Ducati echt nicht billig. Eine kurze Umfrage in meinem Freundeskreis ergab zum Glück, dass einer seine Ducati noch nicht auf die Termignonis umgebaut hatte und ich mir das Originalteil ausleihen konnte. Also schraubte ich die Abgasanlage kurzerhand bei ihm ab und baute sie bei mir ein. Daraufhin fuhr ich unmittelbar zur Wache und führte das Bike vor. Die Mängelkarte wurde aufgelöst. Danach bin ich direkt nach Hause und habe die Abgasanlagen wieder ausgetauscht. Ich weiß, keine gute Aktion. Aber ihr wisst doch: Ducs kann man nur mit offenen Termignonis fahren!

Die Polizei: mein Freund und Helfer, Teil 2

Ehrlich gesagt ist meine Akte bei den grünen oder mittlerweile blauen Kollegen deutlich dicker, als mir lieb ist. Allein darüber könnte ich ein Buch schreiben. Aber es ist eben ein Lernprozess. Man muss immer nur daran denken: Wie man in den Wald hineinruft, so schallt es auch zurück. Dazu hier mal ein kleines Beispiel, bei dem ich einfach nur Glück hatte, nicht mehr und nicht weniger.

Inzwischen kennt ihr ja meinen blauen Golf 2. Nachdem die Gruppe-N-Abgasanlage zum zweiten Mal, nun mit den richtigen Gummis, verbaut worden war, kam ganz Dortmund in den Genuss des kernigen Sounds der Endtöpfe. Jetzt hat eine Fahrt quer durch Dortmund zwei Aspekte: Erstens kann man auf die Kacke hauen und vor den Leuten angeben, zweitens hat man immer einen kleinen Adrenalinanstieg wegen der Verkehrspolizisten. Wird man erwischt oder nicht? Ich weiß, das klingt bescheuert. Aber wenn ich ehrlich sein soll, war das eine Frage, die ich mir damals auch immer gestellt habe und die der Fahrt einen weiteren Kick gegeben hat. Es war eine »Challenge«.

Ich bin mit ein paar Kumpels in der Innenstadt und wir genehmigen uns einige anatolische Delikatessen. Als wir fertig sind, wollen wir eigentlich losfahren. Aber das geht nicht: Zwei Beamte liegen auf der Lauer und beobachten uns und meinen getunten Golf.

Sie sahen den geparkten Golf, vermuteten, dass da nicht alle Umbauten eingetragen waren, und wussten, dass einer von den umstehenden jungen Männern der Besitzer oder zumindest Führer des Fahrzeugs sein musste – aber sie konnten nichts machen. Nach der damaligen Gesetzeslage durfte die Polizei erst eingreifen und kontrollieren, wenn man im Auto saß. Ich habe keine Ahnung, ob das heute immer noch so ist, aber damals war das so. Das führte zu zahlreichen skurrilen Situationen. Es ging darum, wer den längeren Atem hatte. Wer am längeren Hebel sitzt war nie die Frage. Aber hier ging es um Ausdauer.

Meine Jungs wollten los.

»Wir müssen noch etwas warten.« Mit einem Kopfnicken machte ich sie auf die Streife aufmerksam.

Es war ein lustiger Moment, wir schauten alle gleichzeitig zu ihnen und sie schauten zu uns. Allen war klar, worum es ging, keiner machte etwas. Zum Glück verließen sie etwa zehn Minuten später ihre Stellung und wir könnten, nachdem wir nochmals fünf Minuten zur Sicherheit abgewartet hatten, unsere Weiterfahrt antreten. Es hätte natürlich auch sein können, dass die nur mal um den Block fuhren – alles schon passiert, das war ein Teil des Spiels.

Wir also alle Mann ins Auto und ab auf den Wall. Radarmodus an, keine Polizei in Sicht, wunderbar. Wir verließen den Wall an der Kreuzung Richtung Aplerbeck, damit ich einen meiner Kumpels absetzen konnte. Etwa zwei Minuten später kam uns eine Streife entgegen. Ich trat sofort auf die Kupplung und ließ den Wagen bis zur nächsten roten Ampel ausrollen. Nichtsdestotrotz rochen die Beamten wohl Lunte. Sie machten einen U-Turn und hefteten sich an unsere Fersen. Als die Ampel auf Grün schaltete, bemühte ich mich darum, mit möglichst wenig Gas und entsprechend möglichst geringer Lautstärke loszufahren. Jeder, der die Gruppe-N-Anlage kennt, weiß, dass das nur ein frommer Wunsch ist.

»Scheiße, Mann, die hab ich am Arsch.« Ich versuchte, möglichst ohne Kopfbewegung die Polizisten in meinem Innenrückspiegel zu beobachten. »Nicht schauen!«

Aber es war bereits zu spät. Die sofortige Reaktion meiner Kumpels: Umdrehen und große Augen machen. Super geniale Reaktion. Hatten die Beamten bisher nur einen leisen Verdacht gehegt, wurde dieser jetzt zementiert. Dank der dummen Gesichtsausdrücke der Vollpfosten auf dem Rücksitz. Unmittelbar danach ging das blaue Licht an.

»Ihr seid solche Vollidioten!«

»Was?! Warum denn?«

»Na, wenn ihr euch so umdreht, ist doch klar, dass die uns rausziehen. Fuck, Mann!«

Ich hielt am Straßenrand und schaltete umgehend den Motor aus. Das dunkle Grollen meiner Abgasanlage verstummte. Dummerweise war an dieser Stelle direkt eine recht gut besetzte Bushaltestelle.

»Klasse, jetzt haben wir auch noch Publikum.«

Unser Publikum schien zwiegespalten. Die Älteren hatten eine Art hämisches Grinsen im Gesicht, während das jüngere Publikum eher mitfühlend wirkte. Lange hatte es ausgesehen, als würde ich die Challenge gegen die Polizei an diesem Abend gewinnen. Aber jetzt sah das anders aus.

»Schnell, meine Brille!«

»Wo denn?«

»Im Handschuhfach!«

Immerhin diese Lektion hatte ich schon gelernt. Mein Kollege gab mir die Brille so unauffällig wie möglich und ich versuchte, sie ohne große Armbewegung aufzusetzen. Ein etwas älterer Beamter mit freundlichem Gesichtsausdruck kam an meine Scheibe, die ich bereits unten hatte. Man musste ja zuvorkommend sein.

»Guten Abend.«

»Guten Abend, Herr Wachmann. Habe ich etwas falsch gemacht?«

»Nein, nein, alles in Ordnung. Aber ich glaube, Ihr Auspuff ist kaputt.«

»Oh, warum das denn? Mir ist nichts aufgefallen.«

»Nee, der klingt nicht gut. Geben Sie mir mal Ihren Führerschein und die Fahrzeugpapiere.«

Ich gab ihm die Papiere, die er aber gar nicht wirklich ansah. Stattdessen nahm er seine Taschenlampe und schaute sich den unteren Teil des Autos an.

»Ich sage Ihnen, der klingt nicht gut. Ziemlich laut.«

So richtig wusste ich nicht, wie ich damit umgehen sollte. Spielte er ein perfides Katz-und-Maus-Spiel oder hatte er wirklich keine Ahnung? Ich stieg aus dem Auto aus.

»Hm, ich weiß nicht, was Sie meinen. Den Wagen habe ich so gekauft. Den habe ich auch noch gar nicht lange. Der klang immer so.«

»Ja, aber das wirkt schon recht laut, Herr Hoffmann.«

Er ging zum Heck, ich folgte ihm. Der Beamte legte sich auf den Boden und leuchtete die Abgasanlage ab. Im Kopf ging ich schon mal meine nächsten Ausreden durch sowie die nächsten Schritte, die darauf folgen würden: wieder die Originalanlage drunterpacken, vorführen, um dann wieder abzuschrauben und umzurüsten.

»Herr Hoffmann, lassen Sie den Wagen mal an.«

Jetzt wollte er mich wohl endgültig verarschen. Die Anlage ist einfach nur ein Rohr, mit einem kleinen angedeuteten Endschalldämpfer. Man sieht sofort und auf den ersten Blick, dass der Pseudodämpfer quasi nur Deko ohne Funktion ist! Das muss man sehen, geht gar nicht anders!

Leicht irritiert setzte ich mich auf den Fahrersitz und ließ den Motor an. Als ich nach rechts schaute, sah ich, wie das ältere Publikum verständnislos mit dem Kopf schüttelte, während bei einem der wartenden Jungs sofort die Augen zu leuchten anfingen.

»Herr Hoffmann, geben Sie mal Gas!«

»Wat is denn mit dem, is der bescheuert oder was?«, flüsterte mir mein Beifahrer zu.

»Halt die Klappe, Mann!«

Ich gab einige Gas-Stöße. Auch wenn der Kollege offenbar nicht allzu viel Peilung hatte, besaß er zwei funktionierende Augen und hatte nach wie vor meinen Fahrzeugschein.

»Gut, reicht!«

Ich machte den Wagen wieder aus, stieg aus und kam ihm ein Stück entgegen. Mit einem Stöhnen stand er auf und schaute sich meine Papiere an.

»Herr Hoffmann!«

Och nö, dachte ich mir, jetzt hat er es doch noch gecheckt.

»Herr Hoffmann, Sie müssen in die Werkstatt.«

»Wie bitte?«

»Also ich habe zwar keine Undichtigkeit entdeckt, aber so, wie der klingt, ist der definitiv irgendwo kaputt. Wahrscheinlich am Krümmer.«

»Aha, am Krümmer.«

»Ja. Fahren Sie bitte so bald wie möglich in die Werkstatt und lassen Sie das richten. Den Wagen hätten Sie so gar nicht kaufen dürfen.«

»Ja, ähm, absolut, hätte ich das gewusst ...«

»Lassen Sie das richten, so können Sie nicht durch die Gegend fahren, das ist viel zu laut.«

»Ja, werde ich machen.«

»Gut, dann schönen Abend noch!«

»Danke, Ihnen auch!«

Ich konnte mein Glück kaum fassen. Ich drehte mich schnell um und setzte mich ins Auto.

»Und? Wie viel?«

»Nichts!«

»Wie nichts? Hast du den eingetragen bekommen?«

»Nein, Mann!«

»Ja, was dann?«

»Der hats nicht gecheckt!«

Das war natürlich unglaublicher Dusel und ist mir so in der Form auch nie wieder passiert. Man muss dazu sagen, dass so etwas auf dem Wall nicht passiert wäre. Die Polizisten dort kennen sich ziemlich gut aus mit den ganzen Umbauten, was erlaubt ist und was nicht. Dieser ältere Kollege war zum Glück eher unbedarft. So hatte ich die »Challenge« an diesem Abend doch noch ganz knapp gewonnen.

Die Polizei: mein Freund und Helfer, Teil 3

Es gibt verschiedene Kategorien der Verkehrspolizisten. Nach meinen Erfahrungen mit dem strengen und erzieherischen Beamten sowie mit seinem älteren und völlig ahnungslosen Kollegen kommen wir jetzt zu der Kategorie, die mir am liebsten ist: die Coolen.

Viele Tuningkollegen denken, sie müssen sich in jedem Fall mit der Polizei oder dem kontrollierenden Beamten anlegen. Sicher gibt es Polizisten, bei deren Auftreten eine solche Reaktion verständlich ist. Wenn man aber direkt mit einer Krawallstrategie in den Infight geht, vergrault man auch coole Polizisten. Und das schreibe ich nicht nur, weil solche zu meinen liebsten Kunden gehören – ich weiß, schwer zu glauben. Leider kann ich an dieser Stelle nicht wirklich ins Detail gehen, sonst bekommt das der eine oder andere mit und dann haben die Jungs möglicherweise Probleme – das will ich wirklich nicht.

Aber im Laufe der Jahre habe ich auch Tunings umgesetzt, die relativ schwierig einzutragen waren ... »Passt, ich regele das schon!«, ist dann eine schöne Antwort darauf. Ich mag die Jungs. Aber es gibt sie, die coolen Verkehrspolizisten, auch auf der Straße, quasi in freier Wildbahn. Glaubt mir, sie sind nicht bloß Mythos.

Sommer 2006, Heim-WM in Deutschland. Ihr erinnert euch bestimmt: ein ziemlich geiler, warmer Sommer.

Durch die zahlreichen Public Viewings waren unfassbar viele Menschen auf der Straße. Das war natürlich auch für Tuner eine tolle Sache, denn dadurch sahen noch mehr Menschen die Autos – oder in diesem Fall: mein Motorrad. Das Sommermärchen war im vollen Gange. Die deutsche Nationalelf hatte die Schweden kompromisslos mit einem 2:0 nach Hause geschickt und am folgenden Freitagabend stand Argentinien als Gegner bevor. Etwa zwei Stunden vor Anpfiff für Deutschland gegen Argentinien fuhr ich auf meiner Ducati 996 durch die Stadt. Mittlerweile wisst ihr ja, wie man eine Ducati fährt: mit offenen Termignonis. Dementsprechend war auch ich an jenem frühen Abend unterwegs.

Zu diesem Zeitpunkt war enorm viel Verkehr in der Stadt. Alle waren auf dem Weg, um irgendwo gemeinsam den Fußball-Klassiker anzuschauen. Ich fuhr verhältnis-mäßig unauffällig – so gut das eben mit meiner Duc geht. Aber, hey, andere fuhren mit einem Wheelie über den Wall. Von diesem Level an Aufmerksamkeit bin ich weit entfernt. Aufgrund der WM war ja klar, dass viel Polizei in der Stadt unterwegs war. Also fuhr ich über den Wall, im Blickwinkel die Fußballfans. Einer von ihnen hatte ein Schild in der Hand: »Eisbein statt Roastbeef« – fand ich recht lustig. Leider lenkte mich das etwas vom Verkehrs-geschehen ab. Nicht so, dass ich einen Unfall gebaut hätte oder so. Allerdings fiel mir ein auf der Lauer liegender Krad-Polizist zunächst nicht auf. Erst, als er bereits hin-ter mir war – und da war es schon zu spät. Meine 996 hatte nicht nur offene Termignonis, sondern auch diverse Anbauteile aus Karbon, kleine Blinker und einen offenen Kupplungsdeckel.

Ja, ich weiß, der offene Kupplungsdeckel ist umstritten, es könnte ja das Schnurband reingehen, aber mein Gott, was macht man nicht alles für Sound und Atmosphäre!

Kurzum: Meine Duc hatte einmal das Tuning-Rundumpaket erhalten. Zu meiner Schande muss ich gestehen, dass ich es zu dem Zeitpunkt noch nicht geschafft hatte, sämtliche Umbaumaßnahmen vom TÜV genehmigen zu lassen. Mit einem lockeren Handzeichen deutete mir der Kollege in Grün an, dass ich doch mal rechts ranfahren sollte.

Verdammte Axt, dachte ich mir, das kann teuer werden. Allerdings hatte ich aus zahlreichen Erfahrungen zuvor gelernt, dass es nie etwas bringt, direkt in die Verteidigungshaltung zu gehen oder den Polizisten für dumm zu verkaufen. Ich hatte mir daher eine neue Strategie zurechtgelegt: zurückhaltend, freundlich, entgegenkommend und vor allen Dingen einsichtig sein. Diese Herangehensweise wurde jetzt auf den Prüfstand gestellt.

Am Ostwall hielt ich an der rechten Seite, machte die Duc aus und nahm den Helm ab. Der Kollege fuhr seinen Seitenständer aus, klappte den Helm hoch und kam mit bereits prüfendem Blick auf mich zu.

»Hallo! Was habe ich denn falsch gemacht?«

»Nichts.«

Das klingt schon mal nach einem guten Start, dachte ich mir.

»Allgemeine Verkehrskontrolle, das ist alles.«

Er starrte dabei meine Duc an. Ich beschloss, ebenfalls abzusteigen. Die Art und Weise, wie ein Polizist schaut, verrät einem schon, ob er Ahnung von der Materie hat oder nicht. Motorradpolizisten kennen sich naturgemäß gut aus. Aber die Blicke dieses Kollegen waren einschüchternd.

Krampfhaft überlegte ich, ob ich etwas sagen sollte – und wenn ja, was – oder ob es besser war, einfach die Klappe zu halten. Zum Glück brach er das Schweigen, bevor ich irgendetwas Dummes sagen konnte.

»Wollte nur mal fragen, wie sich so ne Duc fährt!?«

Zunächst war ich total überrascht. Ich hatte mit vielen Fragen, kritischen Anmerkungen und so weiter gerechnet, aber nicht mit dieser Frage. Bei mir machte sich Erleichterung breit.

»Also ich finde, sie fährt echt richtig gut.«

Dann wurde ich wieder unsicher: Wollte er mich nur in Sicherheit wiegen, um dann aus dem Hinterhalt voll zuzuschlagen? Ihr merkt, wie misstrauisch »der Tuner« gegenüber der Polizei ist.

»Is schon echt 'n schickes Teil!«

Uff, ich glaube, der meint es echt ernst, dachte ich.

»Ja, danke, danke.«

»Die geht schon echt gut, oder?«

Ich brachte meinen Stolz mit einem kleinen Lächeln zum Ausdruck. »Joa, die zieht schon recht ordentlich.«

Er begutachtete sie fachmännisch von allen Seiten. Währenddessen fiel mir auf, dass er bislang weder meinen Führerschein noch meine Fahrzeugpapiere hatte sehen wollen. Offenbar hatte er eine echte Begeisterung für Ducatis und wollte sie sich nur mal anschauen. Er beendete seinen Rundgang.

»Ich muss noch darauf hinweisen, dass du mit ner offenen Anlage fährst.«

»Ja, aber … unter uns: Das muss man doch so machen.«

»Ich weiß ja. Aber kannste nich nen Silencer reinmachen?«

»Ja, doch, hab ich auch schon bestellt. Aber Sie wissen ja, die Italiener, da dauert so was schon mal länger.«

»Jaja, verstehe, die brauchen ein bisschen.«

»Und heute war eben das Wetter so schön.«

»Ist in Ordnung. Bau die rein, sobald sie da sind.«

»Das kann nicht mehr lange dauern.«

»Gut, schönen Tach noch. Gutes Spiel!«

Wünschte ich ihm ebenso.

Jetzt müsst ihr zugeben, echt cool reagiert von ihm! Hätte auch ganz anders ausgehen können. Aber er hatte Verständnis.

Nachdem wir bereits in Rückstand geraten waren, schlugen wir die Argentinier erst im Elfmeterschießen. Für uns Dortmunder ein doppelter Feiertag. Durch den Einzug ins Halbfinale war klar, dass die deutsche Mannschaft in Dortmund, in unserer Festung – dem Signal Iduna Stadion – spielen würde. Tickets hatte ich leider keine bekommen, aber wenn man den Ausgang der Partie in Betracht zieht, war das wiederum nicht so enttäuschend. Deutschland verlor mal wieder gegen Italien nach Verlängerung. Das war für mich und für die ganze Euphorie, die damals mitschwang, echt herb. Zwar wusste ich, dass in Dortmund doch einige Italiener lebten. Aber an diesem Tag schienen es deutlich mehr zu sein: Überall feierten Italiener auf der Straße.

Etwa zwei Wochen später war ich wieder mit meiner Ducati 996 in der Stadt unterwegs. Ich wollte nur kurz etwas in der Fußgängerzone erledigen und parkte meine Duc direkt davor. Als ich zurückkam, fuhren zwei Motorradpolizisten die Straße hinunter und wurden auf meiner Höhe langsamer.

Bei mir ging sofort der Puls hoch. Als einer der Polizisten seinen Helm hochklappte, fuhr mein System allerdings wieder in den Entspannungsmodus: Es war der Kollege, der zuvor meine Duc bestaunt hatte. Er lächelte mich an.

»Na! Silencer sind ja bestellt, ne?«

Ich zuckte mit den Schultern: »Italiener halt! Was willste machen?!«

»Hör mir auf mit den Italienern! Schönen Tach noch!«

Er klappte seinen Helm runter und die beiden fuhren davon. Was eine coole Socke!

Meine grundsätzliche Erfahrung mit der Polizei oder mit Polizisten ist tatsächlich cool. Wie jeder andere Mensch wollen auch sie nur mit Respekt behandelt werden und sich nicht verarschen lassen. Mein Appell an euch Tuner: Wenn ihr rausgezogen und kontrolliert werdet, gebt eure Verteidigungshaltung und die ganzen Ausreden auf. Ihr wisst ja, dass ihr Scheiße gebaut habt. Jetzt seid ihr eben erwischt worden. Kopf senken und demütig sein. Im Zweifel ist das immer besser für euch, als zu denken, ihr seid klüger als die Polizei. Macht einfach, was die Kollegen sagen, kämpft nicht dagegen an. Vergesst nicht, die Jungs machen nur ihren Job. Und sie sind manchmal gut und manchmal schlecht gelaunt. Wenn dann noch so ein Besserwisser in der Kontrolle auftaucht ... Vielleicht probiert ihr es bei der nächsten Begegnung einfach mal aus. Für mich hat das immer funktioniert – und es macht das Tunerleben deutlich entspannter.

Erst kein Glück und dann Pech, Teil 1

Tuning als Geschäftsmodell ist eine Mischung aus unterschiedlichen Aspekten. Zum einen gibt es optisches Tuning, welches Geschmackssache ist. Jedenfalls bis zu einem gewissen Punkt, an dem dann auch der TÜV eine Rolle spielt. Zum anderen kann man die Leistung tunen oder optimieren. Also ein sehr technischer Ansatz, der weniger Individualität erfordert und somit weniger Diskussionsbedarf bietet. In der Königsklasse dann bedingt die Leistungsoptimierung auch die Optik – zum Beispiel, weil man mehr Grip benötig. Entsprechend braucht man beispielsweise breitere Reifen und daher einen breiteren Radkasten. Aber diese Fälle gehören nicht unbedingt zum alltäglichen Geschäft. Prinzipiell ist das technische Tuning also weniger kompliziert oder zeitaufwendig in der Entstehung. Sollte man meinen.

Werner ist ein großer, schlanker Mann mittleren Alters mit Halbglatze und immer braun gebrannt. Ich weiß nicht genau, wie er seine Kohle gemacht hat, aber sie ist bei dem Kollegen auf alle Fälle vorhanden. Werner ist schon seit längerem ein guter Kunde von mir und auch ein recht entspannter Typ. Glücklicherweise hat er einen echten Schaden, was Autos angeht. Also im positiven Sinne ...

Eines Tages kam er mit seinem Audi RS 6 zu mir in die Werkstatt, mit dem Wunsch nach mehr Leistung. Nur damit wir uns hier klar verstehen: Der Audi RS 6

(Werksbezeichnung C7) ist jetzt von Natur aus nicht gerade schwach auf der Brust. Mit 560 PS und 700 NM kann man schon sagen, dass die Kiste ganz ordentlich nach vorne geht. Werner sah das anders. Und klar, er hatte auch recht, aus dem Motor kann man schon noch einiges rausholen, so ist es nicht. Allerdings war das Timing für seinen Wunsch schlecht. Die Werkstatt war voll ausgelastet und ich konnte seinen Auftrag gerade nicht annehmen.

»Sorry, Werner, bei uns ist momentan Land unter. Den frühesten Termin, den ich dir anbieten kann, ist in nem halben Jahr.«

»Ist mir egal, Sidney. Du machst das schon!«

»Ja, nee, gerade kann ich es leider nicht machen. Wie gesagt, ich kann dir einen Termin in sechs Monaten anbieten.«

»Ich lass ihn jetzt mal hier und wenn sich dann eine Lücke auftut, könnt ihr ja immer mal wieder was dran machen. Dann geht's vielleicht schneller.«

Während er das sagte, zwinkerte er mir zu. Ja, ich weiß, eigentlich will ich nicht, dass bei uns Autos einfach nur so rum stehen ... aber Werner ist eben Werner und wir kennen uns ja auch schon länger. Zwar war mir bewusst, dass das ein Fehler war und dass ich das bereuen würde, dennoch: »Oh Mann! Also gut. Dann lass ihn eben hier. Aber ich sag es dir jetzt schon, dat wird dauern. Wir sind echt komplett ausgelastet.«

»Ja, weiß ich, weiß ich. Ihr macht das schon!«

Er ließ den Schlüssel da und verabschiedete sich.

Bei einem solchen Projekt gehen wir immer gleich vor. Ich stelle die Komponenten zusammen, Tobi bestellt die Teile und Pedro verbaut am Ende alles. Werner wollte das volle Paket. Aus den »popeligen« 560 PS sollten 950 PS werden. Ich sag ja, was Autos angeht hat der Kollege einen Nagel im Kopf. Bei einer solchen Leistungssteigerung heißt das für uns einmal das volle Programm: Turbolader, Einspritzdüsen, Ansaugung, Benzinpumpe, Ladeluftkühler, Abgasanlage und Steuergerätoptimierung. Der Motorblock und Zylinderkopf können in dem Fall erhalten bleiben, allerdings müssen wir das Getriebe entsprechend optimieren. Diese ganzen Bauteile wiederum müssen vom Programmierer aufeinander abgestimmt werden. Nachdem die Teile bestellt sind, müssen sie gefertigt werden, dann werden sie geliefert. Wir bauen den Motor aus, verbauen die Komponenten, verheiraten den Motor wieder und bringen das Auto zur Abstimmung. Wenn alles passt, können wir ausliefern. In der Regel dauert diese Prozedur in etwa vier bis sechs Wochen. Das setzt natürlich voraus, dass man auch die ganze Zeit an dem Auto arbeitet. Das allerdings war uns ja, wie schon erwähnt, nicht unmittelbar möglich.

Nach circa vier Monaten ließ es der Zeitplan dann tatsächlich zu, dass Pedro den Motor ablassen konnte (anders als bei den meisten Modellen kann der Motor in diesem Fall nicht nach oben hin entfernt werden) und wir uns alles anschauen konnten. Als erstes nahmen wir uns den Turbolader vor. Pedro baute ihn aus und ich sprach mit einer Firma, die sich auf Turbooptimierung spezialisiert hat und mit der ich schon lange zusammenarbeite.

»Gar kein Problem, mach ich dir!«, hieß es.

Sehr gut, das hört man immer gerne. Der Plan war unter anderem, das Verdichterrad neu zu bauen, damit der Turbolader mehr Luft verdichten konnte. Durch mehr Sauerstoff kann mehr Druck in den Verbrennungsraum gegeben werden, was zu einer stärkeren Explosion führt, was wiederum mehr

Leistung bringt. Für diese Umbaumaßnahme veranschlagte der Kollege zwei Monate, mit der Begründung, einige Teile seien zurzeit nicht lieferbar. Ich dachte mir: Alles kein Stress, ich hatte Werner ja ohnehin gesagt, dass es dauern wird.

Zwei Monate später kamen die Lader zurück. Ich öffnete den Karton, nahm sie in die Hand und schaute auf die Frischluftschnecke. Was sah ich?

Nichts! Im Inneren der Schnecke befand sich immer noch das originale, aus Gusseisen gefertigte Lüfterrad. Ich griff sofort zum Hörer.

»Matthias! Was geht ab?«

»Ja, sorry, da ist wohl irgendwas völlig schief gelaufen, Alter. Schick zurück, ich mach die so schnell wie möglich fertig.«

Na gut, wo Menschen arbeiten, da passieren eben manchmal Fehler. Was genau in diesem Fall los war, kann ich allerdings bis heute nicht begreifen, da der »Fehler« so offensichtlich war, dass man ihn ja sofort sah. Gut, wir schickten die Lader also wieder zurück.

Zwei Monate waren für absolut nichts ins Land gegangen. Glücklicherweise kamen die Lader dann allerdings vergleichsweise schnell wieder bei uns in der Firma an. Dieses Mal mit dem richtigen Verdichterrad. Pedro verbaute die Turbos und wir fuhren zur Abstimmung. Dort konnte uns gesagt werden, welche Peripherie – wie Zündkerzen oder Einspritzdüsen – verbaut oder wie sie eingestellt werden müssen. Zwar kann man beispielsweise die Ladeluftkühler bis zu einem gewissen Grad fahren, aber dann müssen sie einfach auf die neue Situation angepasst werden und gößere müssen her. Nach einer Abstimmung weiß man wo man steht, also was noch angepasst werden muss, wo der Schuh drückt. Ich rollte den RS 6 also auf den Prüfstand. Felix, der Programmierer, gab mir das Zeichen, Gas zu geben. Das muss man mir nie zweimal sagen. Ich trat aufs Gas, die Drehzahl stieg, es wurde lauter, aber es geschah nichts. Wir hatten einfach gar keine Leistung. Die Lader funktionierten schlicht und einfach nicht.

»Alter, ich dreh durch!«

»Was habt ihr denn gemacht?«

»Keine Ahnung, was die gemacht haben!? Das kam schon mal falsch an, Verdichterrad nicht ausgetauscht, dann kam es jetzt noch mal ...«

»Ja, also da geht gar nichts.«

Er zeigte mir die Drehmomentkurve. Die war allerdings flach wie bei einem Zweizylinder-Trabant (okay, etwas dramatisiert ausgedrückt). Es half ja nichts. RS 6 wieder runter vom Prüfstand, zurück in die Werkstatt. Dort erneut den Motor abgelassen, Turbolader ausgebaut. Wir schauten uns die Lader genauer an und stellten fest, dass die Druckdose nicht angepasst wurde.

Die Druckdose hat im Turbosystem zwei Hauptfunktionen. Nehmen wir mal an, man möchte mit einem Bar Ladedruck fahren. Dementsprechend stellt man die Druckdose ein. Das heißt, wenn man ein Bar Druck erreicht hat, sorgt die Druckdose dafür, dass das sogenannte »Wastegate« (könnte man als »Resterampe« bezeichnen) aufgeht und der überflüssige Ladedruck entweichen kann. Bei diesem Prozess hört man ein Zischen, welches charakteristisch für Turbomotoren ist und spätestens seit der *The-Fast-and-the-Furious-*Filme Tuner auf der ganzen Welt in Ekstase versetzt. Dieses Ablassen des überflüssigen Ladedrucks dient dazu, dass das

Material nicht durch möglichen Überdruck überbelastet wird und schließlich den Geist aufgibt. Die zweite Funktion ist logisch bedingt durch die erste Funktion. Sollte der gewünschten Ladedruck von einem Bar noch nicht erreicht sein, sorgt die Druckdose dafür, dass das Wastegate geschlossen bleibt und somit weiterhin mehr Druck aufgebaut wird. Damit man mehr Leistung fahren kann, muss man diese Druckdose eben auch anpassen. Aber das war offenbar einfach nicht passiert.

»Was machen die?«

»Keine Ahnung, Pedro!«

»Das is scheiße.«

»Ach nee! Ich ruf jetzt direkt bei dem Chef an. Das ist ja ein Albtraum. Das ist schlicht und einfach nicht das, was ich bestellt habe!«

Bevor ich jedoch bei der Firma anrufen konnte, klingelte mein Handy. Klar: Werner war am anderen Ende der Leitung und wollte wissen, wann er sein Auto abholen konnte.

»Ich hab dir doch gesagt, dass wir ausgelastet sind.«

»Ja, aber es ging doch bestimmt schon was.«

»Ja, es ging zwar was, aber da gibt es gerade ein paar Lieferschwierigkeiten. Was will man da machen?«

»Lieferschwierigkeiten schön und gut, aber du hast den jetzt ja schon seit einem halben Jahr.«

»Werner, ich hab dir gesagt, lass ihn nicht stehen. Wir konnten daran bislang kaum arbeiten.«

»Na gut. Dann halt mich auf dem Laufenden!«

»Mach ich, mach ich.«

Das Gute war, dass Werner mehrere Autos besitzt. Bei ihm fällt es also nicht allzu sehr auf, wenn der RS 6 mal eben für mehrere Monate fehlte. Aber seht ihr, genau das passiert mir immer! Ich habe ihm gesagt, dass vor einem halben Jahr nichts an dem Auto gemacht wird. Dann tritt genau das ein, was ich gesagt habe – aber dem Kunden ist das egal. Der sieht nur, dass sein Auto jetzt schon so lange bei mir ist. Gut, ist meine eigene Schuld, ich hätte den Auftrag einfach nicht annehmen dürfen.

Was dann allerdings alles noch passierte, konnte ich mir in meinen kühnsten Träumen nicht ausmalen. Ich geriet mit meinen Anliegen irgendwie in »special affairs« diverser Firmen. Der Turbolader war nur der Anfang einer Never-Ending-Story.

Erst kein Glück und dann Pech, Teil 2

»Hallo! Sidney hier!«

»Ja, Sidney, schön dass du anrufst. Wie kann ich dir weiterhelfen?«

»Ich habe einen Lader bei dir bestellt, allerdings schon vor über zwei Monaten. Beim ersten Mal haben wir ihn zurückgeschickt, weil nichts umgebaut wurde. Jetzt kam er wieder, funktioniert aber nicht. Wat is denn da los?!«

»Aha. Das tut uns natürlich leid, das sollte nicht sein.«

»Nein, das sollte nicht sein.«

»Da ist wohl irgendwas schiefgelaufen.«

»Das kann man wohl sagen, ja.«

»Wer hat denn den Auftrag bearbeitet?«

Ich telefonierte jetzt mit dem Chef der Firma.

»Das war Matthias.«

»Oh, aha. Ja, okay, mal schauen.«

»Was soll das heißen?«

»Der Matthias arbeitet nicht mehr hier.«

In kleineren Betrieben ist es oftmals so, dass ein Mitarbeiter sich um ein Projekt kümmert. Machen wir in meiner Firma auch so. Das ist auch der Grund dafür, dass ich nicht mehr an Kundenautos schraube. Mir fehlt die Zeit, um die Wagen dann fertig zu machen. Stellt euch vor, ich fange mit einem Kundenauto an und muss dann zum Dreh oder ins Ausland für eine Kampagne. Zack gehen drei Wochen ins Land und nichts passiert am Kundenfahrzeug. Das ist nicht gut. Daher schraube ich nur noch an meinen eigenen Autos. Da macht das nichts aus, wenn die wochenlang unfertig in der Gegend rumstehen. Die Turbo-Firma handhabt das genauso. Jetzt aber stellte sich raus, dass es wohl irgendwie Beef gab zwischen dem Sachbearbeiter und dem Chef. Jetzt hatte der Matthias irgendwas an dem Lader umgebaut, wovon kein anderer Bescheid wusste. Es blieb also nichts anderes übrig, als den Lader erneut zurückzuschicken. So konnten die sich alles anschauen, was gemacht wurde, und den Fehler beheben.

Aus heiterem Himmel rief mich dann der besagte Matthias von einer anderen, neuen Firma aus an.

»Hättest mal hier angerufen, dann wäre das alles reibungslos gegangen.«

Der Kollege war mittlerweile bei einer Konkurrenzfirma. Wenn man jetzt Böses denken will, würde man sagen, der Kollege hatte gewusst, dass er die Firma wechseln würde, und Sabotage betrieben. Aber man möchte ja nichts unterstellen. Blöd war nur, dass ich am Ende des Tages der Leidtragende dieser internen Streitereien war.

Jammern half nicht, also überlegte ich mit Pedro zusammen, was wir sonst schon mal machen konnten, während jetzt zum dritten Mal an diesem verdammten Turbolader geschraubt wurde. Ich telefonierte mit dem Spezialisten wegen der Anfertigung einer Downpipe.

Eine Downpipe, auch Hosenrohr genannt, sorgt dafür, dass man mit mehr Leistung fahren kann. Außerdem ändert sich der Klang, er wird kerniger und röhrender. Die Downpipe verbaut man zwischen Turbolader und Abgasanlage. Durch den größeren Durchmesser der getunten Downpipe werden das Ansprechverhalten und das Drehmoment verbessert. Durch den größeren Durchmesser kann man eine größere Menge Abgase schneller abtransportieren. Dadurch kann man einen höheren Ladedruck fahren und mehr Leistung generieren. Es entsteht ein geringerer Abgasgegendruck und der Lader wird weniger strapaziert. Das Tuning der Downpipe hat somit viele positive Effekte.

Ich erklärte dem Spezialisten unsere Problematik mit dem Turbolader und dass diese zurzeit nicht verbaut waren.

»Kein Problem, wir schauen uns das an, machen Muster, fertigen die Downpipe an und wenn die Turbolader dann da sind, machen wir den Feinschliff und passen das an, damit die Anschlüsse sitzen.«

Das klang schon mal alles nach einem guten Plan. Der Kollege kam dann auch recht fix mit seiner Schweißleere und fertigte die Muster an.

»Okay, super und wann kriegen wir dann die Downpipe?«

»Geht schnell!«

Zugegebenermaßen kam sie tatsächlich schnell. Allerdings sah man direkt auf den ersten Blick und noch ohne Turbolader, dass sie nicht passen würde. Ich weiß nicht, was der Typ da ausgemessen hatte, oder ob sich seine Schweißleere verschoben hatte. Aber das Teil passte hinten und vorne nicht.

»Jungs! Wat is da los, die passt ja gar nicht!«

»Keine Ahnung, was da schiefgelaufen ist. Kein Problem, wir bauen eine Neue.«

Sie bauten eine Neue, die auch so weit passte, aber es war wieder Zeit verstrichen.

Dann kam der Anruf vom Chef der Turbospezialisten.

»Sidney, wir haben den Lader jetzt komplett zerlegt. Ich muss gestehen, wir finden den Fehler nicht. Wir wissen einfach nicht, was der ehemalige Mitarbeiter gemacht hat.«

»Na großartig! Und was machen wir jetzt?! Ich brauche die!«

»Das Einfachste wird sein, wir fangen von vorne an.«

»Was soll das heißen?«

»Wir bestellen komplett neue Lader und bauen die entsprechend um.«

»Das heißt, ich muss neue Lader kaufen? Bis die kommen, dauert es dann auch wieder! Und wer übernimmt die Kosten?«

»Tut mir leid, Sidney, das ist momentan das Einzige, was ich anbieten kann.«

Was blieb mir anderes übrig?

Und so zog sich die Geschichte immer weiter, mit jedem verdammten Bauteil.

Die Ladeluftkühler sind eigentlich keine große Sache. »Schick ich dir zu! Plug and Play!« Das heißt, die Teile kommen, man schließt sie an, Feierabend.

Natürlich kamen die Ladeluftkühler und passten selbstverständlich nicht. Dieses Auto verfolgte mich mittlerweile seit über zwei Jahren. Und ja, Werner ist ein cooler Typ, aber es ist nur logisch, dass auch er so langsam seine Geduld verlor. Ich war ehrlich gesagt etwas verzweifelt. Was ich Zeit und Geld in dieses Auto gesteckt hatte, würde ich nie wieder rausbekommen. Zum Beispiel hatte ich Werner wegen der vielen Unannehmlichkeiten in der Zwischenzeit die Abgasanlage spendiert.

Als endlich alle Bauteile da und tatsächlich auch verbaut waren, fuhren wir zum Programmierer, um die Abstimmung vorzunehmen. Und ratet mal, was passierte: keine Leistung!

Dieses Mal lag es an der Benzinpumpe. Ich drehte absolut durch. Allein diese Episode aufzuschreiben, schmerzt.

Dieser Audi RS 6 ist der Fluch meiner Werkstatt! Etwas Vergleichbares ist mir in meinem Tunerleben noch nie passiert, schon gar nicht über einen derartigen Zeitraum. Und das ausgerechnet bei einer Geschichte, bei der man echt sagen muss, dass es nicht unbedingt ein Hexenwerk ist. Vorige RS6 und vergleichbare Fahrzeuge stellen wir meist unter der angegebene Zeit fertig. Dieser RS6 ist verhext!

Warum jetzt die Benzinpumpe Probleme machte, kann ich kurz erklären: In der Autoindustrie gibt es wie überall Kooperationen zwischen Firmen. Bei Bauteilen, die sich gegenseitig beeinflussen oder die zum Teil in unmittelbarer Nachbarschaft miteinander verbaut werden, macht das auch durchaus Sinn. Allerdings wird dabei auch viel Politik betrieben. Ich hatte mit meinem RS-6-Projekt das Glück, dass ich in eine Streitigkeit geriet und Partnerschaften aufgekündigt wurden. Jetzt konnte der eine Hersteller nicht mehr mit dem anderen Hersteller und änderte daher seine Bauweise.

Und in all diesem Chaos, zwischen persönlichen Streitigkeiten bei den Turbobauern und den politischen Auseinandersetzungen zwischen den Herstellern, stand ich und versuchte einfach nur, dieses Auto fertig zu machen und endlich – nach über zwei verdammten Jahren – ausliefern zu können, so wie der Werner sich das gewünscht hat.

Ende Dezember 2017 war es dann endlich soweit. Ich konnte den fertigen, funktionierenden RS6 an einen glücklichen Werner ausliefern. Zwar habe ich bei dem Projekt mächtig drauf gezahlt, aber das hat sich letztlich doch gelohnt. Werner stand keine drei Wochen später mit dem nächsten Auto auf der Matte. Dabei gab es zum Glück keinerlei Probleme mehr.

Kundenkategorie: »Geld spielt keine Rolle«

Nein, nicht jeder Kunde ist gleich. Aber nach jahrelanger Erfahrung im Tuninggeschäft und im direkten Kundenkontakt kann man hier und da gewisse Verhaltensmuster ausmachen.

»Guten Tag?!«

Ein Mann mittleren Alters betrat mit einem Mops auf dem Arm unsere Werkstatthalle.

Übrigens, bei Sidney Industries ist es nicht so, dass wir alles stehen und liegen lassen, sobald jemand die Halle betritt, um wie im Autohaus dem potentiellen Kunden ein »Rundum-sorglos-Paket« ab dem ersten Moment zu bieten. Wir sind eine Firma, in der gearbeitet wird. Außerdem kommen immer wieder Menschen in die Halle, um nur mal zu schauen. Da dauert es manchmal, bis wir dann alle angesprochen haben. Tatsache ist: Wenn ein Kunde kommt und etwas möchte, dann muss er sich bemerkbar machen.

Wie lange Kollege Schnürschuh letzten Endes in der Werkstatt stand, kann ich nicht sagen. Tobi sprach ihn irgendwann an: »Guten Tag, wie kann ich Ihnen helfen?«

»Ich will mein Auto tunen lassen.«

»Das haben wir schon mal gemacht, ja. Um was für ein Auto handelt es sich denn und auf welche Art möchten Sie es tunen?«

»Ist denn der Chef auch im Haus?«

»Ja, ist er.«

»Ich würde gern mal mit dem Sidney darüber sprechen.«

»Alles klar, könnte aber etwas dauern, bis er Zeit für Sie hat. Sie können sich gerne so lange umschauen.«

Tobi ließ mich wissen, dass ein Kunde auf mich wartete. Ich musste noch mein Telefonat zu Ende führen und eine E-Mail beantworten, bevor ich mich um den Herrn kümmern konnte.

»Hallo, ich bin Sidney, wie kann ich Ihnen helfen?«

Ich reichte ihm die Hand, der Mops knurrte.

»Ruhig, Lola! Tut mir leid, das macht sie normalerweise nicht.«

»Kein Problem.«

»Schwarz mein Name.«

»Freut mich. Was kann ich für Sie tun?«

»Ich will meinen Flitzer ordentlich frisieren!«

»Frisieren? Sie wollen mehr Leistung haben?«

»Ja, aber so richtig, das muss richtig knallen. Geld spielt erst mal keine Rolle.«

Da ist er, der Satz der normalerweise bei jedem Geschäftsmann für strahlende Augen sorgt. Für mich ist es allerdings ein Warnzeichen.

»Das freut mich zu hören. Was für ein Auto fahren Sie denn?«

»Steht draußen, zeig ich dir.« Herr Schwarz entschied sich also, zum Du zu wechseln. »Ist ein Fiat 500 Abarth.«

»Der Abarth ist ein schönes Auto, hab ich mir auch schon mal überlegt zu kaufen.«

Das meinte ich auch wirklich so. Meiner Meinung nach ist das ein richtig schönes kleines Auto. Wir gingen nach draußen und er präsentierte mir stolz sein Auto. Den Mops trug er nach wie vor auf dem Arm.

»Der hat 190 PS, aber das reicht mir nicht.«

»Das reicht dir nicht?«

»Nee, das muss viel mehr knallen, ich brauch mindestens 400 PS!«

»400 PS ist bei dem kleinen Auto schon wirklich sehr, sehr viel.«

»Das ist okay. Geht das technisch überhaupt?«

»Das geht schon, ist zwar ein größerer Umbau, aber gehen tut das.«

»Also wie gesagt, Budget ist vorhanden, das ist gar kein Problem.«

»Darf ich fragen, wofür du die 400 PS in dem Auto denn brauchst?«

»Ich will damit halt auch auf die Rennstrecke.«

»Auch auf die Rennstrecke?«

»Ja, schon.«

»›Auch auf die Rennstrecke‹ heißt im Umkehrschluss *nicht nur* auf die Rennstrecke?«

»Ja, genau richtig. Ich will mit dem auch ins Büro fahren.«

»Jeden Tag? Als Daily Driver?«

»Ja.«

Allerspätestens jetzt war mir klar, dass das so nicht funktionieren würde. Aber der Kunde wusste das noch nicht. Er hatte es sich in den Kopf gesetzt, dass er möglichst viel PS brauchte. Vermutlich einfach mehr als der Nachbar oder in seinem Fall eher der Arbeitskollege. Mit genügend Geld hätte man seinen Kampfzwerg auf die 400 PS bringen können. Was dem Menschen aber nicht klar war, war, dass sich das Fahrverhalten seines Wagens dadurch grundlegend ändern würde. Und das wäre für den täglichen Gebrauch nicht von Vorteil!

Dieser Umbau war eine komplett hirnrissige Aktion. Man müsste den Motor neu bauen, neue Lader, Peripherie, Antriebsstrang, Kupplung und so weiter und so fort. Wenn man das alles gemacht hätte, wäre der Wagen zwar nicht unzuverlässig ... aber zum täglichen Gebrauch? Dafür ist die verbaute Technik nicht ausgelegt.

Man muss sich das vorstellen: Der Kunde fährt mit seinem 400-PS-Fiat zwanzig Minuten zur Arbeit. Mittags fährt er damit zehn Minuten zum Mittagessen. Abends noch mal kurz in den Wald zum Gassigehen. Selbst wenn er das nur drei Mal die Woche macht, findet ein Turbolader das überhaupt nicht gut. Auch für den Motor ist das eine enorme Belastung. Er bekommt nie die Chance, richtig warm zu werden, dann ausgefahren und danach entsprechend wieder kalt gefahren zu werden.

»Wie lange hast du denn den Wagen schon?«

»Den hab ich erst vor kurzem gekauft.«

»Der hat so um die achtzehn gekostet?«

»Ja, so was um den Dreh.«

»Und jetzt willst du doppelt und dreifach so viel investieren?«

»Ha, ja, wie gesagt, Geld spielt keine Rolle.«

»Aber dir ist klar, wenn der Wagen im Ladedruck fährt, springt und hopst die Karre, als gäbs kein Morgen mehr!«

»Wie, ja, der hat dann halt Zunder.«

»Ja, der hat schon Zunder, aber die muss man auch fahren können. Außerdem muss dir klar sein: Solange du unter dem Ladedruck fährst, ist das alles noch okay. Aber wenn du

im Boostbereich bist, ist das im Alltag, also auch im Stadt-
verkehr, echt nicht ohne.«

»Ja, also, ich kann schon ziemlich gut Auto fahren. Ich
hatte ja schon alles – Porsche Carrera S und so. Bin ja auch
viel auf Rennstrecken unterwegs.«

Mein Eindruck war: Er wollte den ganzen Umbau nur
haben, um auf richtig dicke Hose bei seinen Stammtisch-Jungs
zu machen. Der brauchte auf gar keinen Fall 400 PS und würde
absolut unzufrieden nach einer Woche wieder bei mir auf dem
Hof stehen und heulen, dass er sich das so nun wirklich nicht
vorgestellt hätte. Wenn ich dem das Auto dermaßen umbaute,
zöge es seinem Mops beim Beschleunigen die Lefzen nach hinten. Und unter uns gesagt, der Kollege machte wirklich nicht
den Eindruck auf mich, als sei er ein richtig guter Fahrer, der
ohne Weiteres 400 PS in dem kleinen Fiat gebändigt bekäme.
Der Wagen hat Frontantrieb. Da muss man mit der Leistung
an der Vorderachse wirklich sehr auf Zack sein.

»Dir ist aber schon klar, dass das Auto dann auch war-
tungsintensiver ist und generell einen anderen Umgang
erfordert?«

»Ja, ja klar, ich kenn das. Wie gesagt, hatte auch schon
einen Carrera S.«

»Ein Carrera S, der entsprechend getunt war?«

»Nee, der war Serie.«

»Das ist mein Punkt. Der Carrera ist ab Werk darauf
ausgelegt. Das ist was anderes, als wenn man einen Wagen
wie den Abarth auf fast doppelt so viel Leistung bringt, ver-
stehst du, was ich meine?«

Ich sah an seiner Mimik, dass ihm gar nicht gefiel, was
ich ihm sagte. Der wollte einfach Geld auf den Tisch legen,
das große Kreuz machen und Feierabend. Das konnte ich

aber beim besten Willen nicht mitmachen. Der Kunde hatte offenbar keine Ahnung, auf was er sich da einließ.

»Außerdem brauchst du, um die Leistung auch auf die Straße zu bringen, Semislicks. Aber dann kannst du das Auto immer, wenn es regnet, stehen lassen. Hast du einen Zweitwagen?«

»Ja klar, da hab ich schon noch was anderes.«

Sein Gesichtsausdruck allerdings verriet mir erneut, dass er damit nicht gerechnet hatte.

Wenn man einen solch massiven Umbau vornimmt, muss man einfach Kompromisse eingehen. Allein schon, was die Hitzeentwicklung angeht. Ein solcher Motorumbau entwickelt ganz andere Temperaturen. Da kann es dann schon mal etwas wärmer werden im Innenraum. Könnt ihr euch vorstellen, dass der Herr Schwarz mit seinem Mops zur Arbeit fährt, es entsprechend fliegen lässt und dann durchgeschwitzt in seiner Firma ankommt? Als nächstes wird der bei mir auf der Matte stehen und sagen, dass seine Klimaanlage nicht mehr funktioniert ...

»Sorry, sei mir nicht böse, aber den Umbau können wir so nicht machen.«

»Warum denn nicht? Du hast doch gesagt, dass das geht.«

»Ja, das geht auch, aber das macht keinen Sinn. Nicht so, wie du ihn verwenden willst. Du wirst eine Menge Geld investieren und das Auto wird danach nicht so sein, wie du es dir vorgestellt hast.«

»Das ist dann ja mein Problem. Willst du kein Geld verdienen?«

»Doch, das will ich schon. Aber es muss trotzdem halbwegs sinnvoll sein – und das ist es in diesem Fall einfach nicht.«

»Was soll das heißen?«

»Ich habe einen anderen Kunden mit einem Abarth. Der wollte ihn etwas breiter haben. Das kostete fünftausend Euro, die Verhältnismäßigkeit zum Kaufpreis ist gegeben und das Grundkonzept ist darauf abgestimmt.«

»Man will hier wohl kein Geld verdienen? Das wäre doch eine herausragende Referenz, wenn du sagen könntest, du hast einen kleinen Fiat auf 400 PS getunt!«

»Nein, das ist keine super Referenz für mich. Dann heißt es im Zweifelsfall: Sidney Industries macht völlig bescheuerte Umbauten.«

Natürlich gefiel ihm auch diese Antwort nicht. Ich war in meinem Kopf auch schon wieder ein Schritt weiter.

Selbst wenn man das Ganze als völlig verrücktes Konzept machen würde, um mal was auszuprobieren – wenn ich mir vorstellte, dass er (und das würde er) damit total unzufrieden wieder auf meiner Matte stehen würde, um die ganzen Maßnahmen wieder zurückzubauen ...

Ich wollte das nicht machen. Als nächstes würde er das Auto dann auch irgendwann mal verkaufen wollen, würde es als »megakrassen, super Umbau« inserieren, nur um dann festzustellen, dass er die Kohle, die er da reingesteckt hat, nicht auch nur ansatzweise zurückbekommen würde.

»Weißt du, was du brauchst?«

»Nee!«

»Du brauchst eine Klappenanlage.«

»Aha.«

»Drückst aufs Knöpfchen, wenn du willst, dann macht der Kleine ordentlich Krawall. Und wenn du keinen Bock mehr hast, drückst du wieder drauf und er klingt ganz normal. Das brauchst du meiner Meinung nach. Keine 400 PS.«

Er zog eingeschnappt von dannen.

Ich weiß, dass ich hier einen großen Auftrag hätte an Land ziehen können. Aber für was? Der Umbau wäre alles andere als einfach, würde sich lange hinziehen und ein unzufriedener Kunde wäre am Ende des Tages garantiert.

Zwei Wochen später tauchte Herr Schwarz wieder auf. Er hatte sich meinen Vorschlag offenbar durch den Kopf gehen lassen und nahm die Klappenanlage. Damit fuhr er deutlich besser.

Kundenkategorie: »Alles kein Problem«

Ich bin mir fast sicher, dass das jeder kennt: Die Menschen, die immer betonen, wie locker sie seien, dass man alles hinbekommen könne und »alles kein Problem« sei – diejenigen, die einem mit diesen Sätzen das Gefühl der Entspanntheit und der unkomplizierten Zusammenarbeit vermitteln wollen, genau die sind im Nachhinein die unentspanntesten, pedantischsten, unfreundlichsten Menschen. Das ist eine Katastrophe. Und trotzdem tappe ich immer wieder in diese Falle.

Tuning ist ein emotionales Geschäft. Ich verkaufe nichts anderes als Emotionen. Und die gehen durch bürokratisches Gehabe kaputt. Also versuche ich, das so gut es geht zu vermeiden. Exakt darin liegt der Fehler, den ich als gutgläubiger Mensch leider zu oft wiederhole.

Gregor stand bei mir im Laden. Ich kannte ihn über ein paar Ecken und schon etwas länger – nicht näher, nur länger. Er war kein fremdes Gesicht und ein ganz lockerer Typ. Er stand also eines Tages bei mir im Laden und bestellte einmal das ganze Programm inklusive Felgen und Fahrwerk. Schön war auch, dass er keine Felgen von der Stange haben wollte, sondern importierte Custom-Felgen.

»Gibt es denn Nachteile beim Tuning?«

»Klar, es gibt immer Vor- und Nachteile.«

»Was denn zum Beispiel?«

»Wenn du tiefer gelegt bist, wird es dir passieren, dass du hier und da mal aufsitzt. Wenn wir die Abgasanlage umbauen, wird es lauter sein, auch im Innenraum.«

»Alles cool, das ist kein Problem. Was ist mit den Felgen?«

»Nun, die Felgen sind importiert und custom. Wenn du da mal eine neue brauchst, musst du mit einer entsprechenden Lieferzeit rechnen. Du kannst dir sonst auch eine zusätzliche anfertigen lassen und lagern. Kostet eben alles.«

»Ja klar, verstehe. Das kann man dann ja noch machen. Erst mal das und dann die anderen Sachen.«

Er streckte seine Hand zum Einschlagen aus.

»Dann bestell ich jetzt schon mal vier Felgen – so, wie wir es besprochen haben?«

»Ja, cool, machen wir!«

Wir schlugen ein.

Kurz schoss mir durch den Kopf, den ganzen Auftrag noch schnell schriftlich festzuhalten und ihn signieren zu lassen. Aber es herrschte gerade eine kumpelhafte Atmosphäre, die dadurch zerstört worden wäre. Also ließ ich es.

Ich bestellte die ziemlich teuren Felgen und ging in Vorleistung. Der Kunde zahlte schließlich erst, wenn der Auftrag vollständig erledigt war.

Nach ein paar Wochen ließ er sein Auto vorbeibringen und wir begannen mit dem Umbau. Alles lief problemlos und der Tag der Auslieferung stand an.

»Sidney, kannst du mal bitte kommen?« Tobi steckte seinen Kopf zu mir ins Büro.

»Warum?«

»Das Auto vom Gregor soll gerade ausgeliefert werden, aber er sagt, er hat das so nicht bestellt.«

»Was?«

»Du hast den Auftrag entgegengenommen, das musst du mit ihm klären, ich kann dazu nicht viel sagen.«

»Ja, ich komm gleich.«

Ich schrieb meine E-Mail zu Ende, atmete tief durch und ging nach draußen.

»Gregor! Na, alles gut bei dir?«

»Ja, sicher! Und bei dir?«

»Alles gut, alles gut! Sieht gut aus der Wagen jetzt, oder?«

»Ja, darüber müssen wir noch mal sprechen.«

»Warum, gefällt dir so doch nicht?«

»Das sind ganz andere Felgen, als wir ausgemacht haben.«

»Ähm, nö, das sind genau die Felgen, über die wir gesprochen hatten.«

»Auf gar keinen Fall, das Finish stimmt nicht.«

Wenn man Felgen anfertigen lässt, kann man zahlreiche Faktoren bestimmen. Wie viele Speichen, welche Art von Speichen, wie das Ganze poliert wird, wie viele und welche Schrauben und so weiter und so fort.

»Das wollte ich garantiert so nicht.«

»Hast du dir das anders vorgestellt? Oder haben wir es anders besprochen?«

»Das haben wir mit Sicherheit anders besprochen!«

Shit – da war ich voll reingelaufen.

Bei einem »normalen« Kunden schreibt man alles genau auf, vor allem bei einem solchen, größeren Auftrag, lässt es sich quittieren und alles ist gut. Aber nö, Kumpel Sidney gibt die Hand drauf, lächelt zufrieden und zahlt dann alles doppelt und dreifach. Um den Frieden zu wahren.

»Okay, dann habe ich das wohl falsch verstanden. Wie wollen wir das denn jetzt lösen? Ich könnte dir einen Preisnachlass geben.«

»Rabatt?« Seine Augen fingen sofort an zu glänzen.

Ich dachte: Du kleiner Sack, das war's wohl, worauf du aus warst, und nichts anderes.

Wir einigten uns auf einen Preisnachlass und ich biss mir wegen meiner eigenen Dummheit in den Arsch.

Vier Wochen später stand Gregor wieder bei mir im Laden. Er hatte sich eine Macke in eine der Felgen gefahren.

»Klar kann ich die nachbestellen. Aber du weißt ja, das wird etwas dauern. Die sind importiert.«

»Was? Nee, ich brauch die spätestens nächste Woche.«

»Ich hatte dir damals gesagt, dass du dir wegen der langen Lieferzeit direkt eine zusätzliche auf Lager kaufen solltest.«

»Das hast du nicht gesagt. Also sicher nicht, dass es so lange dauert.«

Was dachte der Typ? Bestellte sich selbst kreierte Felgen aus sechstausend Kilometer Entfernung und erwartete dann, dass es im Amazon-Prime-Stil am nächsten Tag vor Ort ist?

»Hm, komisch, ich war mir sicher, dass ich das gesagt hatte.«

»Da müssen wir was am Preis machen, das geht so nicht.«

»Du hast doch die Rechnung noch gar nicht überwiesen.«

»Nee, wollte ich noch.«

»Dann kannst du die Felge gleich mit überweisen.«

Ich gab ihm wieder einen Preisnachlass – hey, ich musste dabei ja nichts verdienen ...

Es vergingen eineinhalb Jahre und der gute Gregor hatte die Kohle noch immer nicht überwiesen. Ich rief ihn an.

»Hey, Gregor, ich warte immer noch auf die Kohle.«

»Ja, kannst du haben, aber du hast immer noch den Zweitschlüssel.«

»Richtig, den hast du nie abgeholt. Aber das hat ja nichts mit der Rechnung zu tun.«

»Okay, stimmt eigentlich. Sorry, mein Fehler.«

Ich war überrascht: Er gestand einen Fehler ein? Ich konnte es kaum glauben.

»Aber bevor ich das überweise, müsst ihr noch die Klappe anschauen.«

»Klar, gerne. Was ist denn mit der Klappe?«

»Weiß ich nicht, die funktioniert irgendwie nicht richtig. Darum hab ich auch noch nicht überwiesen, weißt du?«

»Warum hast du denn nicht gesagt, dass die Klappe nicht funktioniert?«

Er überwies dann tatsächlich irgendwann den fälligen Rechnungsbetrag. Also fast. Zusätzlich zu den Rabatten, die ich ihm bereits gewährt hatte, zog er selbstständig nochmals zweihundert Euro für einen »Gutschein« ab. Ich hatte keine Ahnung, was für ein verdammter Gutschein das sein sollte oder was wir da angeblich vereinbart haben sollten. Mir war nur klar – und ich versprach mir selbst –, dass ich einen solchen Auftrag mit »Alles kein Problem« nie wieder per Handschlag besiegeln würde ... Bis Florian bei mir in der Werkstatt auftauchte und das große Paket bestellte. Und während wir einschlugen, sagte er: »Cool! Alles kein Problem, ich freu mich!«

Kundenkategorie: »Kenner«

Manchmal denke ich, ich bin das Gegenteil eines Trüffelschweins. Das Trüffelschwein läuft los und findet zielsicher die Nadel im Heuhaufen. Es hat einen Riecher dafür, wo sich der wertvolle Pilz versteckt hat. Bei mir ist der Spürsinn ähnlich, funktioniert aber mit Stress statt mit Schätzen: Sobald ein Kunde, von dem man besser die Hände lassen sollte, die Werkstatt betritt, kann ich es förmlich riechen, als würde bei mir im Hirn so eine rote Signalleuchte angehen. »Achtung! Finger weg von dem – der wird nur Ärger machen!«

An einem Dienstagnachmittag war es mal wieder so weit. Kundenkategorie »Kenner« in Form eines Mannes um die dreißig Jahre betrat Sidney Industries. Bei Trüffelschwein Sidney ging sofort die rote Lampe an. Ich sah, dass Tobi sich auf den Weg zu ihm machte.

»Hey! Tobi«, zischte ich aus meiner Bürotür.

»Was?«

»Vorsicht, lass die Finger von dem, der macht nur Ärger.«

»Ach, Quatsch, der sieht doch total harmlos aus.«

»Ich sag's dir – mach das nicht. Lass die Finger von dem.«

»Mach dir keine Sorgen, ich hör mir das mal an.«

»Wenn du den annimmst, ist der dein Problem! Komm dann bloß nicht zu mir, wenn es Schwierigkeiten gibt.«

»Ja, kein Stress.«

Tobi ließ sich nicht davon abbringen und nahm den Auftrag an.

»Der will nur ein Fahrwerk.«

»Ein Fahrwerk?«

»Ja, nicht zu hart. Die günstigste Variante.«

»Aha.«

»Der kannte sich ganz gut aus, scheint technisch echt was drauf zu haben.«

Bei mir im Kopf gesellte sich eine gellende Sirene zur roten Lampe.

»Tobi, ich sag's dir noch mal – wenn der Ärger macht, dann komm ja nicht zu mir. Ich hab dir gesagt, nimm den Auftrag nicht an.«

»Ach, was soll daran denn problematisch sein? Fahrwerk, nicht zu hart, für 'ne kleine Marie. Der fährt nen alten Audi Kombi, das passt schon.«

Tobi bestellte das Fahrwerk, der Kunde brachte sein Auto vorbei, Pedro verbaute das Fahrwerk. Danach machte ich mich, wie bei jedem Auftrag, an die Probefahrt, um zu schauen, dass alles funktionierte, wie es funktionieren sollte. Mir fiel nichts Ungewöhnliches auf.

Der Kunde kam, um seinen Audi wieder abzuholen. Tobi kam zu mir ins Büro.

»Chef – kannst du mit dem Audi mit dem verbauten Fahrwerk noch kurz quatschen?«

Das ist nichts Ungewöhnliches, mache ich auch gerne. Es kommen ja auch viele Leute zu mir, weil ich mir, sofern es geht, gerne die Zeit für ein Gespräch nehme.

»Hallo, ich bin Sidney Hoffmann!« Ich reichte ihm die Hand.

»Christian Berg, freut mich, Sidney!«

Er ging direkt zum Du über – gut, das machte die Sache auch für mich entspannter.

»Und – zufrieden mit dem neuen Look?«

»Ja, so ein Fahrwerk macht schon etwas her!«

»Das stimmt. Und es ist ja nicht nur das Aussehen. Du wirst direkt merken, dass du nicht mehr so entkoppelt bist von der Straße. Mit dem Fahrwerk hast du ein viel direkteres Fahrgefühl und spürst besser, was auf der Straße passiert.«

»Ja klar, sportlicher eben.«

»So könnte man es sagen.«

Der Kunde mit dem etwas schütteren Haar bezahlte und verließ zufrieden den Hof.

»Siehste, ich hab dir doch gesagt, der macht keine Probleme. Easy Geschichte.« Tobi genoss seinen Moment.

»Mhm.« Wart's ab, dachte ich. Und nennt mich Trüffelschwein: Etwa eine Woche später stand ein gewisser technisch versierter Mann um die dreißig mit schütterem Haar wieder bei uns in der Werkstatt. Ich schaute von meinem Schreibtisch hoch und entdeckte ihn. Jetzt erkenne ich nicht alle Kunden direkt, aber in diesem Fall konnte ich sofort zuordnen, wer er war. Tobi war gerade unterwegs. Na toll, dann musste ich mich jetzt wohl seiner annehmen.

»Hallo Sidney!« Er runzelte bereits bei der Begrüßung die Stirn.

»Hallo, grüße dich. Na, alles in Ordnung?«

»Nein, das kann man so leider nicht sagen.«

»Oh! Warum? Wo drückt der Schuh?«

»Mit dem Fahrwerk stimmt was nicht.«

»Na, das ist nicht gut. Was stimmt denn nicht?«

»Das macht Geräusche.«

»Geräusche? Was denn für Geräusche?«

»Kann man ganz genau zuordnen, hinten links. Das macht Ärger.«

Ich liebe es, wenn Kunden darüber sprechen, dass etwas »Ärger« macht. Gibt es keine exaktere Fehlerbeschreibung?

Bei der darauffolgenden Probefahrt konnte ich zumindest nichts feststellen. Doch der Kunde neben mir war fest davon überzeugt, dass das Fahrwerk hinten links nicht das machte, was es sollte. Also gut, diskutieren würde nicht viel bringen. Ich rief beim Hersteller an und schilderte den Fall. Die Jungs wollten es schnell und unkompliziert austauschen.

Tobi kam zurück und ich erzählte ihm, was passiert war.

»Ich hab's dir gesagt! Und jetzt kümmerst du dich drum!«

Tobi machte einen neuen Termin aus, das neue Fahrwerk kam, Pedro tauschte hinten links das »kaputte« gegen das neue aus.

Circa eine Woche später kam Tobi etwas verstört zu mir ins Büro. »Ähm, Sidney, der Typ mit dem Audi ist schon wieder da.«

»Was denn jetzt?«

»Er meint, hinten rechts macht das Fahrwerk Ärger.«

»Was denn für Ärger, was ist denn los?«

»Er sagt, das macht Geräusche.«

»Ich hab dir gesagt, lass die Finger von dem!«

»Ja ...«

»Ja! Und jetzt schau dir die Scheiße an!«

Mit etwas Puls begrüßte ich unseren Spezialisten mit dem Audi.

»Es gibt ein Problem mit deinem Fahrwerk?«

»Ja, sorry, aber das macht hinten rechts echt komische Geräusche.«

»Okay, was denn für Geräusche?«

»So klang der noch nie.«

»Aber dir ist schon klar, dass mit einem anderen Fahrwerk die Geräuschkulisse auch eine andere ist? Steinchen oder so nimmt man ganz anders wahr.«

»Ja, das ist mir schon klar. Aber das ist echt nicht normal. Und ist jetzt auch ärgerlich für mich, weil ich jetzt schon zum zweiten Mal herkommen und reklamieren muss.«

Ruhig bleiben, Sidney, ganz ruhig ...

Ich machte wieder eine Probefahrt und hörte: nichts. Gar nichts, nicht das Geringste. Aber was sollte ich jetzt machen? »Geräusche« gehören eben zur subjektiven Wahrnehmung und dieser Mensch neben mir war der festen Überzeugung, er hörte etwas, was er nicht hören sollte. Jetzt hatte ich die Wahl, ihn angestrengt vom Gegenteil zu überzeugen – oder das Fahrwerk auch hinten rechts auszutauschen. Wir kamen zurück in die Werkstatt.

»Tobi – ruf bei KW an und bestell ein Neues!«

Um es kurz zu machen: Auch hinten rechts wurde ein neues Fahrwerk verbaut.

»Der kommt wieder!«

»Nee, glaub ich nicht.«

»Tobi, der kommt wieder, verlass dich drauf.«

Danach herrschten zwei Monate Ruhe an dieser Front.

Und schon stand der hochsensible Kunde wieder in der Werkstatt.

»Tobi! Dein Kunde, kümmere dich drum!«

Diesmal wurde die Vorderachse bemängelt. Dazu war der Herr nun sehr verstimmt, weil er keinen Bock hatte, alle paar Wochen wegen des Fahrwerks hier wieder aufkreuzen zu müssen und einen Tag lang auf sein Auto zu verzichten. Was wir ihm denn jetzt anbieten würden, wollte er wissen.

Es war absolut zum Aus-der-Haut-Fahren. Wenn man weiß, dass man nichts falsch gemacht hat, wenn man weiß, dass alles so funktioniert, wie es funktionieren soll, aber gegen so etwas trotzdem wehrlos ist ... Selbstverständlich gab es am Anfang noch die Option, den Auftrag von vornherein nicht anzunehmen – aber Tobi hatte ja anfangs keine Sorgen und ich wollte in dem Moment auch nicht wahnsinnig erscheinen.

Das vorläufige Ende der Geschichte war, dass der Kunde nicht nur ein komplett neues Fahrwerk an allen Achsen bekam, sondern auch ein kostenloses Upgrade seines Fahrwerks, wegen des vielen »Ärgers«, den er mit dem Umbau hatte.

Um was wetten wir, dass er bald wieder einen Fehler finden wird? Die einzige Möglichkeit, dem zu entfliehen, ist, die Finger von solchen Kunden zu lassen. Glaubt mir, auch Tobi verlässt sich seit der Erfahrung auf das Stress-Trüffelschwein Sidney.

Todesangst

Es gab eine Zeit, da bin ich hin und wieder auf dem Beifahrersitz mit Kunden am Steuer Probe gefahren. So konnten sie mir genau zeigen, was ihrer Meinung nach das Problem war. Nach folgendem Erlebnis bin ich allerdings nie wieder auf eine solche Probefahrt gegangen. Zum ersten Mal in meinem Leben hatte ich wirklich Todesangst.

Ich saß in meinem Büro und sortierte gerade Rechnungsbelege für den Steuerberater. Warum ich einen Menschen dafür bezahle, dass er die ganze Steuergeschichte übernimmt, aber dann doch ich dransitze und den ganzen Kram sortieren muss, sollte mir bei Gelegenheit mal jemand erklären. Eigentlich ordne ich ja gerne Dinge, aber bei Papierkram sieht das komischerweise anders aus.

Während mir das so durch den Kopf ging, kam Tobi rein und sagte mir, dass ein Kunde wegen eines Problems mit seinem Fahrwerk da sei. Ob ich mir das mal anschauen könnte?

»Kann das nicht Pedro machen?«

»Nee, der will, dass du mit ihm fährst.«

»Was fährt er denn?«

»N' neuen GTI.«

»Einen neuen GTI? Und was ist das Problem?«

»Er hat irgendwie ein schlechtes Feeling.«

Die Sache kam mir komisch vor – aber es war eine großartige Ausrede, um den Papierkram liegen zu lassen und mich den praktischen Seiten des Lebens zu widmen ...

»Hi, Sidney, ich bin Marcel. Ich guck immer deine Sendung!«

»Schön, freut mich!«

Marcel war circa fünfundzwanzig Jahre alt, trug ein Polohemd und Jeans, wirkte smart und musste irgendwoher Geld haben, sonst hätte er sich nicht einen nagelneuen GTI leisten können.

»Schönes Auto hast du da, nicht schlecht für so 'n jungen Kerl.«

»Ja, danke, aber das Fahrwerk ist irgendwie komisch.«

»Wie komisch, Geräusche oder was?«

»Nee der schiebt immer so über die Vorderachse.«

»Hä? Aber das liegt jetzt nicht unbedingt am Fahrwerk. Warst du damit denn schon beim Händler?«

»Nee, ich dachte mir, ich fahr erst mal zu dir, hatte eh darüber nachgedacht, den zu tunen.«

Ich dachte mir direkt, dass hier irgendwas nicht stimmte. Aber der Typ wirkte eigentlich ganz fit. Ich stimmte zu, eine Probefahrt mit ihm zu machen. Er wollte fahren, damit er mir zeigen konnte, wann das Problem auftrat.

»Pedro! Ich bin mal auf Probefahrt! Denkst du dran, dass die Klappenanlage vom RSQ3 heute feddich gemacht werden muss?!«

Wenn ich jetzt darüber nachdenke, dass das meine letzten Worte hätten sein können ... nicht gerade philosophische letzte Worte, aber immerhin thematisch passend.

Bevor ich einstieg, warf ich noch einen kurzen Blick auf die Reifen. Man sieht sehr schnell am Abrieb des Profils, ob man es mit einem Kurvenpiloten zu tun hat oder ob der Kollege nur gerne darüber redet, wie schnell er doch angeblich fährt. Da Marcels GTI quasi neu war, konnte man jetzt nicht wirklich was erkennen. Kein Indiz für mich, zu welcher Kategorie Marcel gehörte.

Ich nahm auf der Beifahrerseite Platz und beobachtete Marcel beim Einsteigen. Er hatte eine ganz gute Sitzposition. Arme im Fünfundvierzig-Grad-Winkel zum Lenkrad, kein Liegestuhl-Poser. Als wir vom Hof rollten, hatte er beide Hände am Lenkrad. Ich fühlte mich eigentlich ganz sicher.

»Der neue GTI ist echt ein schickes Auto.«

»Ja, vom Design her gefällt der mir echt richtig gut. Aber fahrtechnisch ist der scheiße.«

»Fühlt sich im ersten Moment ganz gut an. Klappert nichts, keine Geräusche, aber ist ja auch ein neues Auto, frisch vom Werk, was soll da auch dran sein«, bemerkte ich.

Er starrte nach vorn. »Der schiebt halt immer so über die Vorderachse.«

Wir fuhren die Hannoversche Straße entlang. Eine Straße im Industriegebiet, lange Gerade. Hier und da ein paar Unebenheiten vom LKW-Verkehr. Keine schlechten Bedingungen, um ein Fahrwerk zu überprüfen.

»Also mir fällt ehrlich gesagt nichts auf.«

»Ja, warte mal, bis wir 'ne Kurve fahren, das geht gar nicht.«

»Okay, ja gut, da is'n Kreisverkehr … dann schau'n wir mal, was passiert.«

Kurzer Blick in den Rückspiegel, kein Verkehr um uns herum. Mir ist die Szene immer noch im Kopf geblieben, als wäre es gestern passiert. Plötzlich trat der Typ voll aufs Gas – pedal to the metal –, ich krallte instinktiv meine Finger in den Sitz, verkantete meine Beine im Fußraum. Das Doppelkupplungsgetriebe sorgte dafür, dass der GTI ohne spürbare Verzögerung beschleunigte. Wir rasten auf den

Kreisverkehr zu. Ich weiß noch, dass ich schreien wollte, aber nicht konnte. Und plötzlich riss er das Lenkrad nach rechts. Sofort hörte man das Geräusch, wenn Reifen krampfhaft versuchen, Grip zu finden, es ihnen aber einfach nicht gelingt. Massives Untersteuern. Ich sah, wie die Insel des Kreisverkehrs immer näher kam, und schrie nur noch ein verzweifeltes »Ey!« raus. Dann griff das ESP, die Vorderreifen erlangten gerade noch rechtzeitig die gesuchte Haftung und der GTI steuerte nach rechts.

Marcel saß mit ungläubigem Blick und verbissener Miene am Steuer. Mit einer ruckartigen Lenkbewegung wollte er seiner Vorderachse mitteilen, dass es jetzt nach links gehen sollte, um dem Kreisverkehr weiter zu folgen. Die Steuerungseinheit war bei der Geschwindigkeit in Verbindung mit den viel zu hektischen Lenkbefehlen wieder völlig überfordert. Wieder rutschte der Wagen über die Vorderachse. Wir rasten auf den Laternenpfosten am Rande des Kreisverkehrs zu.

Mittlerweile ist bekannt, dass ich gerne mal etwas schneller fahre und auch schon auf Rennstrecken unterwegs war. Auch wenn man nicht darüber spricht, hat man natürlich im Hinterkopf: Je schneller man fährt, desto eher besteht die Chance, dass man verunglückt. Nostalgisch könnte man dann einmal über mich sagen: »Er starb bei dem, was er liebte – in einem schnellen Auto in seiner Heimatstadt sitzend.« Aber ganz ehrlich, so bekloppt bin ich nicht.

Und ich hatte schon gar keinen Bock darauf, auf dem Beifahrersitz mit so einem Vollidioten von Möchtegern-Formel-1-Pilot am Steuer an einem Laternenpfahl zu zerschellen!

»Öffnen!«, schrie ich Marcel an. »Lenkung öffnen!«

Er drehte das Lenkrad ein Stück weit nach rechts, das ESP übernahm wieder die Kontrolle, die Reifen fanden Haftung und wir verließen den Kreisverkehr tatsächlich, ohne dass mein noch relativ junges Leben an diesem Tag ein Ende fand.

Aber mein Puls war auf dreihundertachtzig und ich spürte den kalten Angstschweiß auf meiner Stirn.

»Siehste! Ich habe ja gesagt, da stimmt was mit dem Fahrwerk nicht, der schiebt über die Vorderachse.«

»Altobelli! Bist du verdammt nochmal geistig behindert?! Halt sofort an!«

»Was, wieso denn?«

Ich schrie hysterisch: »Halt sofort die Karre an!«

Er fuhr rechts ran und kam zum Stehen. Ich sprang aus dem Auto. Da merkte ich erst, wie weich meine Knie waren. Marcel stieg ebenfalls aus.

»Das Fahrwerk ist völlig in Ordnung! Du fährst nur wie ein Vollpfosten!«

»Aber deswegen hab ich doch einen GTI, damit man auch mal durchtreten kann.«

»Ja, aber du kannst doch nicht mit neunzig in nen Kreisverkehr fahren, das Lenkrad rumreißen und dann ernsthaft sagen, dass mit dem Fahrwerk was nicht stimmt! Mit *dir* stimmt was nicht!« Ich schnappte nach Luft. »Du bist viel zu schnell, da kann das Fahrwerk nichts dafür! Außerdem musst du den Reifen auch die Chance geben, den Lenkbefehl umzusetzen! Wenn du einfach hektisch an der Lenkung zerrst, bekommt der Reifen doch gar nicht die Chance, da hinzufahren, wo er hinfahren soll!«

»Aber ich muss doch schnell lenken, wenn ich schnell fahre.«

»Alter! Du hast echt nicht mehr alle Latten am Zaun! Ich fahre jetzt zurück.«

Ich setzte mich hinters Steuer, stellte den Sitz auf mich ein und legte den Gurt an. Marcel nahm etwas geknickt auf dem Beifahrersitz Platz. Ich ließ den Motor aufheulen und drehte um. Einigermaßen zügig und immer noch unter Strom steuerte ich den Kreisverkehr an.

»So, ich bin nicht mit zweihundertachtzig unterwegs, gebe einen moderaten Lenkbefehl und so kann der Reifen auch was damit anfangen! Das hat nichts mit dem Fahrwerk zu tun!«

Wir fuhren schweigend zurück zur Firma. Ich hielt mit quietschenden Reifen vor dem Rolltor, Tobi nahm uns in Empfang.

»Und, was ist an dem Fahrwerk kaputt?«

»Das Fahrwerk funktioniert hervorragend. Marcels Talent funktioniert nur nicht!«

Ich ließ Marcel bei Tobi stehen, ging stinksauer zurück in mein Büro und knallte die Tür hinter mir zu. Der Luftzug war so heftig, dass die ganzen bereits sortierten Belege quer durch das Zimmer geblasen wurden. »Fuck!«

Ich plumpste auf meinen Bürostuhl. So langsam ging mein Puls wieder runter. Ich schwor mir an diesem Tag, nie, nie, nie wieder bei einem Kunden mitzufahren.

Als das Fernsehen anrief

Es kursieren einige Gerüchte darüber, wie genau die Sendung *PS Profis* entstanden ist. Dadurch kann ich immer mal wieder aufs Neue erfahren, wie ich ins TV gekommen bin. Manches ist nah an der Wahrheit dran, manches ist etwas weiter weg. Hier erzähle ich mal meine Version davon, wie es abgelaufen ist. Ich erhebe aber keinen Anspruch auf Vollständigkeit.

Wenn ich mich recht erinnere, war es ein Donnerstagabend. Müsste gegen 19 Uhr gewesen sein. Ich war im Büro und ging einige Rechnungen durch, als Kerstin reinkam.

»Sidney, hier ist RTL2.«

»Wat?!«

»Hier ist am Telefon jemand von RTL2.«

»Verarschung oder was?«

Kerstin hatte das Telefon bei sich, ihre Hand war auf die Sprechmuschel gedrückt.

»Keine Ahnung, aber es klingt so, als wär es echt.«

»Ja und, was wollen die?«

»Irgendein Rennen fahren.«

»Was denn für ein Rennen?«

»Keine Ahnung! Ich hab gesagt, dass ich das nicht entscheiden kann.«

Sie hielt mir mit flehendem Blick den Hörer entgegen. Ehrlich gesagt hatte ich auf so einen Kram am Abend gar keinen Bock mehr. Entsprechend gelaunt meldete ich mich am Telefon.

»Hoffmann!«

Der Mann am anderen Ende der Leitung war sehr höflich und erklärte mir, dass er Redakteur der Sendung *GRIP* auf RTL2 sei.

»Schon mal gehört, ja.«

In dieser Sendung gäbe es eine Rubrik für Experimente. Sie wollten einen Siebener BMW tunen und gegen unseren Nissan Skyline GTR mit circa 600 PS antreten lassen. (Im Beitrag wird von 800 PS gesprochen – da waren die Kollegen aus der Redaktion etwas übermotiviert...). Mir war zwar nicht klar, wie sie den BMW so tunen wollten, damit er auch nur ansatzweise eine Chance hatte, aber der Herr von RTL2, oder genauer gesagt von der Produktionsfirma, war felsenfest davon überzeugt, dass das eine »enge Kiste« werden würde. Sie wollten in zwei Wochen den Beitrag drehen. Ich meinte, dass ich das erst mit meinem Partner besprechen wollte.

Auch Jean Pierre runzelte die Stirn, als ich ihm vom Vorhaben der Fernsehmenschen erzählte. Wir waren uns einig, dass die nicht den Hauch einer Chance hatten. Aber gut, mal in so einem Beitrag mitmachen – dann hat man das eben auch mal gemacht und kann sagen, dass man mal im Fernsehen war. Also warum nicht.

Als sich die Firma aus München erneut meldete, sagte ich ihnen, dass wir mitmachen würden. Übrigens bekamen wir für die Geschichte nur eine sogenannte »Aufwandsentschädigung«. Leute, die große Samstagabend-Shows oder so machen, werden wohl sehr gut bezahlt. Aber für einen kleinen Beitrag im Vorabendprogramm bekommt man nicht viel. Und wegen des Geldes hatten wir es ja auch nicht gemacht – wir wollten eben einfach mal sehen, wie so etwas abläuft.

Die erste Überraschung war, dass ganze vier Tage lang gedreht werden sollte. Das muss man sich mal vorstellen: Die drehen vier Tage lang und dabei kommt nur ein Beitrag von fünfzehn Minuten raus! Das klang für mich unfassbar uneffektiv. Aber gut, wird schon seinen Grund haben, dachte ich mir.

Das zweite, das mir auffiel, war, dass diese Fernseh-Fuzzis von einem anderen Stern zu sein schienen. Die taten so, als hätten sie absolut Ahnung von der Materie und hätten alles schon mal gesehen und gemacht. Und so glaubten sie ernsthaft, wenn sie einem Siebener BMW mit 200 PS eine Lachgaseinspritzung verpassten, würden sie einen Nissan mit 600 PS in einem Beschleunigungsrennen schlagen können. Völlig absurd, der Gedanke. Wir versuchten ihnen zu erklären, dass sie mit dem Lachgas vielleicht 150 bis 200 PS mehr erzielen könnten. Aber das würde nie im Leben reichen, um wirklich eine Chance zu haben. Das sahen die Menschen von der Produktionsfirma ganz anders. Außerdem sprachen sie die ganze Zeit von »geilen Bildern«. Der Wunsch nach »geilen Bildern« schien bei denen jeglichen Verstand außer Kraft zu setzen.

So kamen die Münchner mit ihrem Moderator, Helge Thomsen, zu uns nach Dortmund und drehten ihren Beitrag. Sehr zum Ärger der Redakteure konnte der BMW natürlich nicht gewinnen. Obwohl sie NOS – Nitrous-Oxide-System – verbauten, Gewicht reduzierten und was weiß ich was noch alles versuchten, gegen den Skyline hatten sie keine Chance. Die TV-Crew rückte wieder ab.

Ich war nach den vier Tagen ehrlich gesagt froh, dass es vorbei war. Die allermeiste Zeit stand man rum und wartete auf irgendjemand oder irgendwas. Es war ziemlich langweilig. Dann wurde mal ganz kurz irgendwas gedreht und dann gab es wieder eine ewig lange Pause. Ich hatte seit meiner Kindheit nicht mehr so wenig gearbeitet im Laufe eines Tages. Die Münchener meinten jedoch, das sei völlig normal. Wenn die denken, dass es so sein muss, dann wird es wohl so sein, dachte ich mir.

Ich war gespannt darauf, ob wir noch mal irgendetwas von denen hören würden. Wir hatten sie jedenfalls ganz schön bloßgestellt. Außerdem hatte ich den Eindruck, dass sie mit unserer ehrlichen und direkten Art im Ruhrpott noch nicht so zurechtkamen. Wenn man ihnen direkt auf den Kopf zu sagte, was man von ihren Ideen hielt, schaute man in ziemlich verdutzte Augen.

Während der vier Tage war jede Menge Arbeit in der Firma liegengeblieben, die Mitarbeiter ließen es vermutlich etwas ruhiger angehen, als die Chefs außer Haus waren. Somit bedeutete der Dreh jede Menge Überstunden, weil man viel Arbeit nachholen musste.

Ein paar Tage später rief die Produktionsfirma aus München wieder an. Sie bedankten sich für den Dreh. »Wir würden gerne mehr mit euch machen.«

»Wie?«

»Ja, vielleicht mal eine ganze Sendung drehen. Hat es euch denn Spaß gemacht?«

»Na ja, war schon sehr viel Rumstehen und Warten.«

»Ja, das ist beim Fernsehen immer so. Bis da die Technik bereit ist und jeder weiß, was er zu tun hat, das dauert immer ein wenig. Aber wenn man eingespielt ist, dann hält sich das auch im Rahmen.«

Wir baten die Herren um Bedenkzeit. Die wollten zwar am liebsten sofort eine Zusage, aber wir mussten uns erst mal besprechen.

Jean Pierre und ich waren uns ziemlich schnell einig, dass wir mit dem Fernsehen fertig waren. Es dauerte alles einfach ewig, und außerdem waren wir ein Start-up-Unternehmen, das gerade richtig viel zu tun hatte. Es war unmöglich, die Firma einfach noch mal so im Stich zu lassen. Wir riefen die TV-Menschen zurück und gaben ihnen eine Absage. Damit schienen die überhaupt nicht gerechnet zu haben. Sie konnten überhaupt nicht nachvollziehen, warum wir das nicht machen wollten. Das sei ja auch hervorragende Werbung für unseren Laden. Da hatten sie zwar Recht, aber wer erledigt denn die ganze Arbeit in der Firma, wenn Jean Pierre oder ich drehen? Die Münchener waren empört über unsere Absage. Als das Telefonat beendet war, dachte ich, dass wir nie wieder etwas von denen hören würden. Aber ich lag abermals falsch.

Profi mit Stulle

Dass wir uns letztendlich doch für eine Fernsehsendung entschieden haben, ist ja allgemein bekannt – aber wie es genau dazu kam, ist eine ganz witzige Geschichte.

Eine häufige Eigenschaft der TV-Menschen ist, dass sie sich mit einem Nein extrem schwertun. Die sind es nicht gewöhnt, dass man ihnen etwas abschlägt, oder zumindest war es damals so. Wenn das Fernsehen etwas will, dann stehen alle »Gewehr bei Fuß«. Nun, mit dieser Haltung stießen sie bei Jean Pierre und mir auf Granit. Aber man muss es ihnen lassen: Sie ließen nicht locker.

Der Beitrag, den wir mit ihnen für *GRIP* gedreht hatten, lief mittlerweile im Fernsehen. Mein Part wurde fast komplett rausgeschnitten. Auch die angesprochene Werbung für Five Star Performance, mit der sie uns gelockt hatten, hielt sich für meinen Geschmack ziemlich in Grenzen. Man sah zwar den Schriftzug auf dem Nissan Skyline, aber es wurde nie richtig erklärt, was es damit auf sich hat. Auch der Nissan selbst wurde kaum vorgestellt. Immerhin war der Beitrag an sich ganz okay und der Ausgang des Rennens wurde nicht verfälscht.

Der Verantwortliche der Sendung rief immer wieder bei uns an und fragte, ob wir es uns nicht doch überlegen wollten. Zunächst wollten sie einen Videografen vorbeischicken, der uns in unserer Werkstatt filmt. Mit diesem Material wollten sie dann zum Sender gehen und ein neues Format mit uns beiden als Moderatoren vorschlagen. Auch wenn die Dreharbeiten langwierig waren und wir eigentlich keine

Lust mehr hatten – ein Stück weit fühlt man sich ja dann doch geschmeichelt, wenn sich jemanden so sehr für einen interessiert und um einen bemüht. Wir stimmten diesem Casting-Dreh schließlich zu.

»Und was sollen wir dann bei diesem Casting machen?«

»Das wird der Kollege euch dann vor Ort sagen.«

Die Antwort befriedigte mich zwar nicht wirklich – ich weiß immer gerne vorher, auf was ich mich einlasse -, aber was sollte man machen?

Ein paar Wochen später kam ein Typ mit einer Videokamera vorbei. Kein ganzes Team – so wie beim Beitrag mit Kameramann, Tonmann, Redakteur und so weiter -, sondern lediglich ein Typ mit einer kleinen Videokamera. Unsere Halle bestand aus zwei spiegelverkehrten Bereichen, getrennt durch eine Wand. Jeweils ein kleines Büro und Hebebühnen. Gegen Ende unseres normalen Arbeitstages sollte Jean Pierre die eine Hälfte der Firma vorstellen und ich die andere.

Ich fand diesen Videografen und seine Ideen ehrlich gesagt nicht gerade cool. Seine pfiffige Idee war, dass ich, während ich die Halle vorstellte, ein Marmeladebrot essen sollte. Das würde mich total locker wirken lassen. Was für ein Schwachsinn ... Aber ich habe mich überreden lassen. Man denkt ja dann doch irgendwie, die Leute wüssten, was sie tun. Der Typ drehte alles, was er brauchte, bedankte sich und verschwand wieder.

Euphorie oder Begeisterung waren bei uns nicht vorhanden. Wir konnten überhaupt nicht einschätzen, ob das, was wir da gedreht hatten, gut oder schlecht war. Es blieb auch gar keine Zeit, um sich großartige Gedanken darüber zu machen: Für uns stand der Pflichttermin »SEMA-Show« an.

Die »SEMA-Show« findet jedes Jahr in Las Vegas im riesigen Convention Center statt und ist ein absoluter Pflichttermin für jede Tuningfirma. In Vegas sieht man die abgefahrensten Tunings, kann neue Trends aufschnappen oder Farbkombinationen entdecken. Die Messe dient dazu, neue Kontakte zu knüpfen oder auch einfach zu sehen, was in der Szene gerade abgeht beziehungsweise bald angesagt sein wird. Ein wahres Paradies für Tuningverrückte – und das bei bestem Wetter mitten in der Wüste.

Von den TV-Menschen hörten wir in den kommenden Wochen nichts mehr. Kein Anruf, keine E-Mail. Die hatten es sich wahrscheinlich anders überlegt.

Ich glaube wir waren gerade den zweiten Tag in Las Vegas, da klingelte das Handy und eine 089-Nummer wurde angezeigt.

»Kennst du die Nummer?«

»Nee.«

»Ruft jetzt schon zum zweiten Mal heute an.«

»Ja, aber 089 ist definitiv kein Kunde.«

Kein Kunde bedeutete: Nichts brannte in der Werkstatt. Also gingen wir nicht dran. Circa eine Stunde später klingelte es wieder mit dieser Nummer.

»Das gibt's doch gar nicht. Wer ist das denn?«

»Was ist 089 denn?«

»Keine Ahnung, irgendwas im Süden?«

»Wen kennen wir denn im Süden?«

»Pff, kein Plan.«

Wieder gingen wir nicht dran. Der Anrufer hatte allerdings eine Nachricht auf der Mailbox hinterlassen. Es war der Chefredakteur der Produktionsfirma. Er klang ganz außer sich, dass er uns nicht erreichen konnte, und bat dringend um einen Rückruf.

»Reicht, wenn wir uns morgen melden, oder?«

Wir beschlossen, diese wichtigen Menschen erstmal etwas schmoren zu lassen. Tut denen ganz gut, wenn man nicht immer zu allem gleich »Ja und Amen« sagt.

»Wollt ihr eine eigene Sendung?«

So oder so ähnlich war die erste Frage, die man uns stellte, als wir dann endlich aus Las Vegas zurückriefen. Offenbar war der Sender hellauf von unserem Casting-Video begeistert gewesen und man wollte unbedingt eine eigene Sendung mit uns an den Start bringen. Für unser Argument der mangelnden Zeit wegen der Firma hatte er auch eine Lösung parat.

»Wir können den Piloten ja im Winter drehen. Dann ist bei euch in der Werkstatt wahrscheinlich auch nicht mehr so viel los.«

Für diejenigen unter euch, die es nicht wissen: »Pilot« wird die allererste Folge einer neuen TV-Serie genannt, aufgrund derer entschieden wird, ob und wie es weitergeht.

Mit seiner Einschätzung hatte er recht: Winter ist für das Tuninggeschäft eher ruhiger. Gerade in den Monaten Dezember und Januar geht nicht viel. So konnten wir die Zeit gut nutzen, um uns mal probeweise auf das Abenteuer Fernsehen einzulassen. Ich dachte mir: Gut, dann hast du das auch mal gemacht. Kann man von der Liste streichen und später mal den Kindern zeigen, dass Papa einmal im Fernsehen war.

Der Sender war aber nicht RTL2, sondern ein gewisses DSF. DSF stand für Deutsches Sport Fernsehen. Mir war das DSF aber eigentlich nur für ihr krasses Nachtprogramm mit nicht enden wollender Telefonsex-Werbung bekannt. Aber dass es nicht RTL2 war, fand ich gar nicht schlecht. Wenn die Sendung total peinlich werden und man sich zum Affen machen würde, bekäme es wenigstens keiner mit. DSF war bei mir auf der Fernbedienung gefühlt auf Platz 320.

»Was machen wir denn in der Sendung?«

»Ihr checkt Gebrauchtwagen!«

Das hatte mit unserem Tagesgeschäft jetzt nicht so wahnsinnig viel zu tun, aber gut, wenn das für die TV-Jungs interessanter war als Tuning ... die werden schon wissen, was sie tun.

»Und wie heißt die Sendung?«

»*Die PS Profis*!«

»PS-Profis? Checken wir dann nur Porsche und getunte Autos oder wie?«

»Ähm – nein, das nicht. Schnellere Autos kommen sicher auch mal vor. Aber in erster Linie eigentlich normale Gebrauchtwagen mit Verbrauchertipps und so. Damit die Zuschauer wissen, auf was man achten muss.«

»Aha, okay. Und was hat das dann mit PS-Profi zu tun? Da geht es ja dann um PS.«

»Nee, der Name ist gut. Das ist Fernsehen.«

Ihr glaubt gar nicht, wie oft ich diese Aussage noch hören sollte. »Das ist Fernsehen« ist eine Ausrede für alles Mögliche: unlogische Abläufe, Chaos, Unpünktlichkeit, falsche Versprechungen ...

Für mich machte die ganze Sendung nicht so wirklich Sinn. Wir sollten Gebrauchtwagen checken, Tipps geben und dann noch ein bisschen irgendwelche Autos tunen. Das Ganze dann als »PS Profi« – ein Name, den ich, mal abgesehen davon, dass er schlichtweg nicht zum Inhalt der Sendung passte, auch ziemlich peinlich fand. Aber meine Widerworte wurden nicht gehört. Hätte ich damals gewusst, dass ich acht Jahre später immer noch als »PS Profi« angesprochen werde, hätte ich vermutlich länger um einen anderen Namen gekämpft. Ich hätte die Sendung viel lieber PS Kläuse genannt. Erst recht nach der ersten Sendung. Das hatte mit PS Profis überhaupt nichts zu tun. Aber gut, so ist Fernsehen nun mal.

Auf der anderen Seite habe ich mich mittlerweile auch daran gewöhnt. Und so schlecht, wie ich ihn damals fand, finde ich ihn heute auch nicht mehr. Gut, ich hatte ja auch jede Menge Zeit, um mich damit zu arrangieren.

Im Dezember sollte der Pilot *Die PS Profis* gedreht werden. Diese Zusage am Telefon veränderte mein gesamtes Leben – das wusste ich zu diesem Zeitpunkt nur noch nicht.

So ist Fernsehen nun mal

Unsere erste Sendung war wie ein Abenteuer. Das ganze Team – Redakteur, Kameramann und Tonmann – war in etwa in unserem Alter. Der Unterschied zum ersten Dreh war, dass wir im Mittelpunkt standen und nicht wie zuvor Nebendarsteller waren. Alles war neu und ungewohnt. Wir sollten am Essener Automarkt einige Autos checken und Tipps geben, auf was man bei diesen Modellen oder allgemein beim Gebrauchtwagenkauf achten muss.

Jeder, der den Essener Automarkt kennt, weiß, dass das schon ein besonderer Markt ist, mit einer entsprechenden Klientel. Mit »großem« Fernsehen, wie ich mir das vorgestellt hatte, hatte das überhaupt nichts zu tun. Der Gebrauchtwagenmarkt findet samstags auf dem Platz eines Autokinos statt. Das Publikum ist bunt. Sämtliche Nationen des Ostblocks sind vertreten, zahlreiche Südländer tummeln sich dort und das Ganze ist mehr ein Autobasar als alles andere. Das meine ich wirklich nicht despektierlich. Aber man muss schon wissen, wie der Hase dort läuft. Das hat nichts mit einem, sagen wir mal, BMW-Autohaus zu tun. Auf dem Essener Automarkt blüht das wahre Leben.

Per se schon mal mutig von den Münchener TV-Leuten, dort mit einer Kamera hinzugehen. Aber sie wollten dieses »Pott-Feeling«. Wir wurden auch permanent dazu aufgefordert, frisch von der Leber weg zu plaudern, um möglichst viel Authentizität in die »Aufsager« zu bringen. Was mich nach wie vor erstaunt, ist, wie lange das alles immer dauert.

Wenn der Redakteur sagt: »Okay, lass uns jetzt das als nächstes drehen«, denkt man, der Kameramann drückt auf seinen Aufnahmeknopf und man dreht es. Aber weit gefehlt. Der Kameramann schaut sich die »Szenerie« erst mal an. Dann fragt er einen, ob man sich eventuell nach rechts oder links bewegt.

»Ähm weiß nicht, kann schon sein, dass ...«

»Bitte nicht nach rechts drehen.«

»Ähm, okay.«

Dann schnallt er sich eine Art Kran um und hängt die Kamera daran ein. Jetzt fällt dem Assistenten auf, dass das Mikrophon, welches an dein T-Shirt geklippt ist, neue Batterien braucht ... und das geht so in einer Tour. Es ist also nie so, dass man etwas tatsächlich »jetzt gleich« dreht. Vielmehr ist das »jetzt« eine Aufforderung, dass es theoretisch bald los gehen könnte.

Ich fand den Ablauf total abgefahren. Es wurde so gut wie nichts chronologisch gedreht. Nach welcher Reihenfolge oder welchen Kriterien die Sachen aufgenommen wurden, konnte ich überhaupt nicht beurteilen. Anders als bei dem Beitrag für *GRIP* sollten wir außerdem recht oft in die Kamera schauen, um so den Zuschauer direkt anzusprechen. Das war im ersten Moment etwas komisch, mit einem schwarzen Kasten zu plaudern statt mit einer echten Person. Aber ich habe mich recht schnell daran gewöhnt. Außerdem dachte ich mir: Der Redakteur wird schon wissen, was er da tut.

»Okay, jetzt machen wir mal eine Anmod!«

»Wat is dat denn?«

»Eine Anmod, Anmoderation.«

»Ja, ähm das hilft mir jetzt nur bedingt weiter. Was sollen wir konkret machen bei einer Anmod?«

»Ihr fahrt hier auf uns zu, steigt aus und redet in die Kamera.«

»Ah, okay! Sag das doch gleich. Können wir machen.«

Damals hat man uns extrem viel einfach sagen lassen. Es gab kaum Anweisungen, was genau wir sagen sollten oder wie. Wir hatten sehr viele Freiheiten.

Als Nebenhandlung sollten wir einen Brasilia tunen. Was Gebrauchtwagentipps und Tuning jetzt gemeinsam haben, bleibt das Geheimnis des Redakteurs. Aber gut, für mich war das Ganze ein wenig wie Klassenfahrt. Wir waren relativ viel unterwegs und haben sehr, sehr viel gelacht. Auf der anderen Seite hatte ich auch immer etwas Druck im Hinterkopf. Ich war es nicht gewohnt, so lange nicht in der Firma zu sein. Das war alles schön und gut und echt auch ein cooles Erlebnis. Aber die Firma war eben eher etwas Wahres, Handfestes. Und so war ich, als die vier Drehtage vorbei waren, auch richtig froh, wieder hinter meinem Schreibtisch bei Five Star Performance zu sitzen.

Der geplante Ausstrahlungstermin der Sendung war an Weihnachten, Silvester war eine Wiederholung eingeplant. Das werde ich nie vergessen. Meine gesamte Familie hatte sich vor dem TV eingefunden und war gespannt darauf, einen Hoffmann im Fernsehen zu sehen. Ich war schon auch stolz auf das Ganze und habe den einen oder anderen Spruch rausgehauen. Meine Mutter und meine Schwestern mit ihren damaligen Partnern saßen auf der Couch, ich auf dem Boden. Und dann ging die Sendung los.

Was folgte, hatte ich mir komplett anders vorgestellt. Ich dachte immer, ich sei witzig, ein bisschen smart, stylisch. Aber die folgenden sechzig Minuten waren die reine Qual. Scheiße, das kann man ja nicht anschauen, war mein allererster Gedanke, daran erinnere ich mich genau.

Was redest du denn da?, schoss mir durch den Kopf. Mir wurde schlagartig richtig heiß und ich habe mich in Grund und Boden geschämt. Ich hatte nicht die geringste Freude an der Sendung. Es waren sechzig Minuten vernichtende Selbstkritik: Wie bewegst du dich denn?! Gehst du immer so? Alter, wie hörst du dich denn an? Was ist das denn für eine komische Stimme? Was zum Teufel habe ich mir denn da bei dem Auto angeschaut? Das macht doch gar keinen Sinn ...

So ging es in einer Tour. Ich sprach während der gesamten Zeit kein Wort. Es war einfach zu grauenhaft, das anzusehen.

Meine Familie sah das anders. Die hatten ihren Spaß und meinten, dass ich es doch gut gemacht hätte. Am Ende der Sendung war ich einigermaßen durchgeschwitzt und für mich standen zwei Tatsachen unstrittig fest: Erstens war das garantiert der letzte Auftritt von mir im Fernsehen. Zum einen, weil der Sender auf so ein Gestammel mit Sicherheit keinen Bock hatte, zum anderen, weil ich mich nie wieder so schrecklich schämen wollte. Zweitens: An Heiligabend hatte ziemlich sicher kaum jemand DSF geschaut. Und wenn einer den Fehler gemacht hat, dorthin zu zappen, dann hat er unmittelbar weitergezappt.

Immerhin konnte ich den »Auftritt im Fernsehen« von meiner »Was ich im Leben mal machen will«-Liste streichen. Das war das einzig Positive daran.

Ein paar Tage später lief an Silvester die Wiederholung. Bevor ich die Sendung kannte, hatte ich mich etwas über die Ausstrahlungstermine geärgert. Wer zum Teufel schaut denn am 24. Dezember und an Silvester DSF? Da schaut man doch maximal *Dinner for One*! Nachdem ich das Elend gesehen hatte, war ich allerdings ganz froh über den Sendeplatz. Ich konnte vielleicht doch noch durch Dortmund laufen, ohne gemobbt zu werden.

Danach geschah wie erwartet nichts. Die Menschen von der Produktionsfirma meldeten sich nicht. Die waren vermutlich auch froh, dass dieses Experiment vorbei war. Ich ging wieder meinem normalen Alltag bei Five Star Performance nach. Hier und da war mal ein Kunde dabei, der die Sendung gesehen hatte. Die Rückmeldung war zwar nicht negativ, aber ich hatte auch nicht den Eindruck, als müssten die Leute unbedingt mehr von uns sehen.

Völlig aus dem Nichts klingelte dann Anfang Februar das Telefon. Uns wurde gesagt, dass die Sendung wohl ganz gute Quoten erzielt hatte und man jetzt eine Staffel machen wollte.

»Was heißt das, eine Staffel?«

»Das bedeutet zunächst mal zehn Sendungen.«

Eins vorneweg: Es ist schon ein kleiner Egotrip, wenn ein Fernsehsender einen anruft und mit einem eine Sendung machen will. Man fühlt sich sehr geschmeichelt und fängt automatisch zu grinsen an. Nichtsdestotrotz kam in mir auch der Geschäftsmann hoch. Dieses TV-Geschäft bedeutete wahnsinnig viel Zeitaufwand für erstaunlich wenig Geld.

Eine weitere Eigenschaft von TV-Leuten ist, dass sie einfach für alles eine Antwort haben. Die Antwort mag vielleicht keine Frage beantworten. Aber die Antwort haben sie trotzdem immer parat. Auf meine Einwände bezüglich des Zeit-Geld-Faktors entgegneten sie, dass das ja kostenlose Werbung für unsere Firma bedeutete. Außerdem sicherten sie uns zu, dass wir uns um unser Alltagsgeschäft kümmern durften, wenn während eines Drehtages Pausen waren.

Ich wollte ein paar Tage und Nächte darüber nachdenken. Ehrlich gesagt war ich nicht wirklich von dem Ganzen überzeugt. Ob das so tolle Werbung für uns war, wenn ich mich da wie ein Vollhorst durchs Bild bewege und komische Sachen über komische Stellen am Auto sage? Und das dann noch unter dem Titel *PS Profis*? Außerdem stand jetzt der Frühling bevor und die ganzen Tuner würden bald wieder ihre Schätzchen auf Vordermann bringen und sich auf die Saison vorbereiten wollen.

Letztlich entschlossen wir uns aber doch dazu, die zehn Sendungen zu machen. So eine eigene Sendung – wer kann schon behaupten, das mal gemacht zu haben? Und ich selbst musste mir das Elend ja nicht unbedingt noch einmal anschauen. Der Egotrip siegte über Scham und Vernunft.

Nach der siebten Ausstrahlung wurden wir nach München eingeladen, um mit dem Chef der Produktionsfirma zu sprechen. Ich war mir sicher, dass man uns höflich beibringen wollte, dass es sich jetzt erledigt hatte. Wir trafen uns in einem feinen Restaurant und ich fühlte mich in meinem Kapuzenpulli ein bisschen underdressed. Na ja, was soll's, für ne Kündigung muss man sich nicht unbedingt aufbrezeln. Der Herr war sehr freundlich und ihm gelang es auch fast, unsere Klamotten nicht zu mustern. Aber nur fast. Und dann?

Zu meiner großen Überraschung wurden wir nach dem Hauptgang gefragt, ob wir weitermachen wollten. Man bot uns einen Vertrag über weitere zwanzig Folgen an.

Wie ein bunter Hund

Die erste Staffel schien zumindest für den TV-Sender recht zufriedenstellend gelaufen zu sein. Auch in der Werkstatt hatten wir immer mal wieder Kunden, die uns aus dem TV kannten. Ob tatsächlich jemand wegen der TV-Sendung zu uns gekommen ist, kann ich nicht wirklich beurteilen. Aber ich muss sagen, dass sich die Zielgruppe der Sendung und unsere Kundschaft schon sehr gleichen.

Uns wurde eine zweite Staffel angeboten. Irgendwie hatte sich die Geschichte schon verselbstständigt. Das Drehen machte schon Spaß, wir konnten die liegengebliebene Arbeit in der Firma immer wieder mit Überstunden kompensieren – und solange ich mir die Sendung nicht selbst anschaute, war alles gut. Das soll jetzt nicht arrogant rüberkommen: Ich fand es nach wie vor grauenhaft, mich selbst zu sehen.

Es war in etwa zu der Zeit, als die zweite Staffel anlief. Der Sender hieß mittlerweile nicht mehr DSF, sondern SPORT1. Ich holte mir auf dem Westenhellweg eine Currywurst.

Für diejenigen von euch, die noch nie in Dortmund waren: Erstens – kommt nach Dortmund, ist eine mega-coole Stadt; und zweitens – Westenhellweg ist die Haupt-Einkaufsstraße. Die beste Currywurst gibt es bei so nem kleinen Stand gegenüber von Saturn.

Ich pfiff mir also meine Currywurst rein und beobachtete dabei die Leute, die so rumlaufen. Eine meiner absoluten Lieblingsbeschäftigungen. Was man da alles sieht ... unglaublich.

»Na, alles klar?« Neben mir stand ein Pärchen mittleren Alters. Ich hatte keine Ahnung, wer die beiden waren.

»Ja klar, und bei Ihnen?«

In meinem Kopf ging ich die Kundenaufträge der letzten Zeit durch. Allerdings kam ich nicht auf diese Leute. Wann zum Teufel hatten wir für die beiden was am Auto gemacht? Mein Namensgedächtnis ist nicht der Hammer und es ist immer peinlich, wenn einen die Kunden erkennen, aber man ihren Namen dann nicht weiß. Gesichter jedoch vergesse ich in der Regel nicht.

»Du machst doch die Tuning-Butze.«

Ich begann, an mir zu zweifeln. Scheinbar war das permanente Arbeiten zu Lasten meines Gedächtnisses gegangen. Es war mir unmöglich, diese Gesichter irgendwie zuzuordnen. Es blieb mir nichts anderes übrig – ich musste eingestehen, dass ich sie nicht erkannte.

»Was für ein Auto fahren Sie denn?«

Anstatt mir eine Antwort zu geben, die mich endlich auf die Spur brachte, starrten sie mich stumm an. Jetzt wurde ich noch unsicherer. Woher um alles in der Welt sollte ich die beiden kennen? Und warum glotzten die mich nur an, anstatt mir zu sagen, welches Auto sie fuhren? Ich biss verzweifelt in meine Currywurst.

»Geile Sendung!« Die beiden drehten sich um und gingen, während ich langsam auf meiner Wurst herumkaute.

Das war ein krasser Moment. Logisch, die Leute, die in die Werkstatt kommen, kennen einen aus der Glotze, hatte ich ja schon erwähnt. Aber das war der erste Moment, in dem ich außerhalb der Werkstatt und von vermutlich Nicht-Tuning-Verrückten erkannt und angesprochen wurde. Zunächst fühlte ich mich ganz gut. Aber als ich meine Wurst fertig hatte und die Pappschale in den Mülleimer warf, fiel mir schlagartig wieder die Weihnachtssendung ein.

Ach du scheiße, ging mir durch den Kopf.

Für mich war das immer eine kleine Sendung auf einem Sender, der sich in der Regel nicht unter den ersten zwanzig Plätzen einer Fernbedienung befindet. Jedenfalls war das bei mir so. Sorry, Olaf[1], das soll kein Diss sein, aber das war eben so. Also ging ich immer davon aus, dass das in der »normalen« Welt außerhalb der Tuningszene nie jemand mitbekam. Und die Menschen in der Tuningszene haben ja alle auch so einen Nagel im Kopp wie ich – alles gut. Damit lag ich aber offenbar falsch.

Oh Gott, was denken die Leute denn jetzt von dir? Mit dieser Frage quälte ich mich den Rest des Tages.

Allerdings blieb diese Begegnung die absolute Ausnahme. Hinzu kam, dass ich extrem viel Zeit in der Firma verbrachte und man dort mittlerweile daran gewöhnt war, dass die Leute mich erkannten und ich manchmal Autogramme geben sollte. Selfies waren damals noch nicht so in, aber das ein oder andere klassische Fanfoto ist auch entstanden.

Ende November 2010 stand dann ein weiterer absoluter Pflichttermin als Tuner auf dem Programm: die Essener Motorshow. Auf dieser war auch eine Autogrammstunde geplant. Die Tatsache an sich fand ich schon ziemlich witzig. Dass ich mal eine Autogrammstunde geben würde, hätte ich nie für möglich gehalten. Was auf der Messe dann aber tatsächlich passierte, war jenseits meiner Vorstellungskraft.

---

1 Olaf G. Schröder, derzeit Geschäftsführer von SPORT1

Normalerweise lief ich immer einer Runde über die Messe, um zu schauen, was so abgeht. Das war in diesem Jahr aber einfach nicht möglich. Ich wurde permanent erkannt, nach Fotos und Autogrammen gefragt. Es bildeten sich immer wieder Menschentrauben. Es erschien mir völlig absurd. Mir wurde zum ersten Mal bewusst, wie viele Menschen die Sendung tatsächlich anschauten.

Als ich zusammen mit Jean Pierre die Autogrammstunde gab, standen die Leute bis zu drei Stunden an. Das muss man sich mal vorstellen! Ich war ehrlich gesagt mit der Situation überfordert. Erst freute ich mich kurz, aber dann wurde es einfach nur surreal. Auch die Art und Weise, wie die Menschen einen ansprachen – so als hätte man irgendetwas Wichtiges geleistet. Es wollte nicht in meinen Kopf, warum die Leute wegen eines normalen Pillemanns wie mir, der nichts anderes machte, als sich affig im Fernsehen zu bewegen und unfassbare Mengen an Bullshit zu erzählen, drei Stunden ihres Lebens opferten. Diese drei Stunden würden sie nie wieder zurückbekommen. Und dafür hätten sie nur ein Autogramm von mir vorzuweisen.

Bei mir machte sich also ein schlechtes Gewissen bemerkbar. Da stehen die so lange an und erwarten weiß Gott wen und stellen dann fest, dass ich einfach nur ein ganz normaler Typ bin wie sie auch – da muss man doch sauer werden, dachte ich. Das blieb jedoch zum Glück aus. Sie schienen alle ganz happy. Als nächstes stellte ich mir die Frage, für wen ich mich selbst wegen eines Fotos oder Autogramms mehrere Stunden lang anstellen würde. Für Valentino Rossi würde ich das machen, das war mir ziemlich schnell klar. Oder manche große Hollywood-Stars. Nicht Brad Pitt oder so, aber für Robert De Niro, da würde ich auch anstehen, wenn ich die Chance hätte. Ihr merkt schon, plötzlich dachte ich über Sachen nach, mit denen ich mich bisher nie beschäftigt hatte. Natürlich tut das der Seele gut, wenn man merkt, dass so viele Leute einen gut finden. Aber es ist auch ein sehr seltsames Gefühl.

Anfangs habe ich mir ohne Ende Gedanken darüber gemacht und irgendwie versucht, daraus schlau zu werden. Mittlerweile habe ich das aber aufgegeben. Ich werde nicht schlau daraus.

Was das Ganze noch verschärft hat, war einfach, dass mich keiner auch nur ansatzweise darauf vorbereitet hat. Keiner kommt her zu dir und sagt: »Hey, passt mal auf, wenn ihr so fünfzehn Sendungen gemacht habt, dann wird euch immer häufiger passieren, dass euch Leute erkennen und auf euch zukommen. Es kann sein, dass man von manchen Fans als Held wahrgenommen wird.«

Keiner hat jemals ein Wort darüber verloren. Nachgefragt habe ich auch nie, ganz einfach, weil ich nie auf die Idee gekommen wäre, dass so etwas auch nur annähernd passieren könnte.

Auch heute kommt es mir immer wieder skurril und surreal vor. Ich habe mittlerweile echt viele Autogramme geschrieben und Fotos gemacht und man gewöhnt sich auch irgendwann daran. Aber suspekt ist es mir manchmal immer noch. Man fragt sich auch immer wieder, ob das alles eventuell nur ein Traum ist.

Ich habe für mich entschieden, es einfach als Kompliment zu verstehen. Es scheint den Leuten zu gefallen, was man macht, es bereitet ihnen Freude. Mir macht es Spaß, Leuten Freude zu bereiten, somit passt es ja. Denen ich auf die Nerven gehe bewerfen mich nicht, dafür bin ich auch sehr dankbar. Ich schätze, die ganzen Menschen, die auf mich keinen Bock haben, sagen einfach nichts. Das macht es ganz angenehm.

Es wird sicher auch wieder die Zeit kommen, in der ich ganz entspannt über die Essener Motorshow laufen kann. Das vermisse ich zwar manchmal, aber ich will mich wirklich nicht beschweren. Ich habe ganz großes Glück gehabt und bin dafür sehr dankbar.

Fehlersuche

In den *PS Profis* sieht man bei Gebrauchtwagen-Checks oftmals eine Vorgehensweise, die jener eines Detektivs ähnelt. Man findet Spuren, sucht Indizien, versucht aufgrund dessen herauszufinden, was passiert ist und daraus wiederum zu schließen, welche Bedeutung dies für den Kauf des Fahrzeugs hat. Diese Suche kann sehr viel Spaß machen. Gerade bei Gebrauchtwagen kommt man so auch meist zu einem klaren Ergebnis. Und wenn nicht, sollte man dringend die Finger von dem Wagen lassen. Auf diese Art und Weise hält sich der Schaden immer in Grenzen.

Beim Tuning und dem Zusammenspiel der verschiedenen Komponenten muss man auch immer mal wieder Detektiv spielen. Hier ist die Fallhöhe allerdings deutlich höher als bei Gebrauchtwagen: Der Teufel steckt im Detail und die negativen Auswirkungen sind oftmals weitreichend.

In einer solchen Fehlersuche durchlaufe ich mehrere Phasen, wenn ich den Fehler nicht unmittelbar finde. Phase eins sind die Selbstzweifel: »Das kann doch nicht sein, ich bin zu blöd.« Phase zwei ist, dass ich die Schuld auf das Auto schiebe: »Was eine Scheißkarre.« Phase drei ist die Erkenntnis, dass sich das Universum gegen mich verschworen hat: »Ihr wollt mich doch alle nur fertig machen! Alles ist gegen mich!« In der letzten Phase, die ich durchlaufe, akzeptiere ich mein Schicksal trotzig: »Dann halt nicht!«

Im Laufe meines Lebens hatte ich ja doch einige Autos in meinem – wenn auch oft nur kurzfristigen – Besitz. Eines davon war ein Golf 5 GTI. An das Auto gekommen bin ich durch eine Inzahlungnahme. Ich fand den eigentlich ganz geil und wollte ihn auch gern etwas länger fahren. Der GTI hatte durch eine andere Tuningfirma eine umfassende Leistungssteigerung erfahren. Von Volkswagen hat der 5er GTI ursprünglich 200 PS mitbekommen. Dann hatte der Vorbesitzer einmal das volle Programm durchgezogen: Abgasanlage, Downpipe, Turbos, Einspritzpumpe, Einspritzdüsen, Getriebe, Software. So dürften etwa 370 PS erreicht worden sein. Das ist für einen Golf schon mal nicht schlecht.

Eines Morgens ballerte ich mit dem GTI über die A1 Richtung Köln. Irgendetwas wollte ich da abholen, weiß aber ehrlich gesagt nicht mehr, was. Auf der Autobahn durfte man streckenweise unbegrenzt schnell fahren. Dementsprechend war ich mit standesgemäßen 250 Sachen unterwegs.

Glücklicherweise gab es nicht allzu viel Verkehr und ich kam zügig durch. Aber plötzlich bemerkte ich einen krassen Leistungsverlust, was sich bei der Geschwindigkeit so anfühlt, als würde jemand bremsen. Der Wagen lief zwar noch, aber die Turbos arbeiteten nicht mehr so wie sie sollten. Das ist nicht so ungewöhnlich und könnte beispielsweise daran liegen, dass ein Schlauch von der Turbo- bzw. Wastegate-Dose abgerissen ist. Es muss keine wahnsinnig komplizierte Ursache haben. Ich hielt an einer Raststätte und schaute mir den Motorraum an. Dabei konnte ich keinen offensichtlichen Defekt feststellen. Ich setzte meine Fahrt langsam fort. In Köln angekommen, fragte ich meinen Kollegen, ob ich mir sein OBD-Gerät ausleihen könne, um den Fehler auszulesen. Zur kurzen Erläuterung: Mittlerweile werden die Autos von zahlreichen Elektroniken und der Hauptschaltzentrale, dem Steuergerät, »gesteuert«. Wenn irgendwo ein Fehler auftritt, zum Beispiel nicht funktionierende Turbolader, wird dieser Fehler in einer Art Protokoll gespeichert. Man kann einen Mini-Computer an der sogenannten ODB-Schnittstelle des Autos anschließen und sich so anzeigen lassen, was das Fehlerprotokoll notiert hat, um so den Fehler zu beheben. Ich schloss das Gerät an, aber es wurden keinerlei Fehler angezeigt. Das machte mich zwar stutzig, aber als ich den Wagen startete und wieder losfuhr, war die Leistung wieder voll da. Möglicherweise war es nur ein sporadisch auftretender Fehler der Elektronik gewesen, welches sich von allein gelöst hatte oder ein Sensor hat gesponnen. Dachte ich.

Ein paar Tage später geschah allerdings wieder exakt das Gleiche: plötzlicher Leistungsverlust. Dieses Mal auf einer entspannten Fahrt durch Dortmund. Zum Glück war ich ganz in der Nähe vom Auslesegerät, »Tester« genannt. Wieder die gleiche Prozedur: Analyse-Gerät anstecken und schauen, was der Fehlerspeicher sagt. Dieses Mal wurde angezeigt, dass es irgendein Problem mit dem Ladedruck gab. Das wusste ich zwar ohnehin, aber gut, immerhin wurde der Fehler dieses Mal vom System registriert und festgehalten.

An dieser Stelle muss ich erwähnen, dass die Jungs von VW im 5er GTI einige Tricks verbaut haben, die Leistungssteigerungen eigentlich verhindern, was das Auto recht Tuner-unfreundlich macht. Ich habe zwar keine Ahnung wie, aber die Kollegen der Tuningfirma hatten es tatsächlich zu diesem Zeitpunkt geschafft, diese Hürden von VW zu überwinden und die 370 PS umzusetzen. Das ist cool, solange alles so funktioniert, wie es soll. Aber wenn dann was schiefgeht, hat man echt wenige Chancen, den Fehler zu finden.

Pedro und ich führten die Standardprozedur für ein Problem mit dem Ladedruck durch: Sensoren und Turbolader prüfen. Das blieb völlig ergebnislos.

»Vielleicht hat ein Sensor trotzdem einen weg«, meinte Pedro, also tauschten wir sämtliche Sensoren aus. Und siehe da, der GTI hatte wieder Leistung, alles gut.

Kaum eine Woche später passierte aber wieder das Gleiche. Da schaut man dann schon mal sparsam. Phase eins – »Ich bin zu blöd« – war eingeläutet. Wieder überprüfte ich sämtliche Sensoren und fand nichts, was eigentlich gar nicht sein konnte. Phase zwei – »Scheiß Karre« – es konnte nicht an mir liegen. Ich investierte in den nächsten Wochen in ein neues Steuergerät, nur um erneut festzustellen, dass der Leistungsverlust nach wie vor aus heiterem Himmel auftauchte. Bei der Fehlersuche entdeckten wir diesmal allerdings Schweißstellen, die wie Lötstellen aussahen. Wer auch immer an dem Auto herumgestümpert hatte – sollte er alle Arbeiten so erledigt haben wie das Schweißen, dann gute Nacht. Mir war klar, dass die garantiert irgendwo einen Fehler eingebaut hatten, aber ich wusste immer noch nicht, wo und welchen. Phase drei – »Ihr wollt mich doch alle nur fertig machen! Alles ist gegen mich!« – hatte begonnen.

Insgesamt hatte ich bereits über fünftausend Euro und unzählige Stunden in die Fehlersuche gesteckt, konnte den Fehler aber einfach nicht finden. Auch meine Nachfrage bei der Tuningfirma brachte keinerlei Ergebnisse und sie waren nicht dazu bereit, sich an der Fehlersuche zu beteiligen.

Wahrscheinlich wussten die ganz genau, warum. Es blieb also nur noch Phase vier – »Dann halt nicht!« Ich bot den Wagen zum Verkauf an und wies direkt in der Anzeige darauf hin, dass der Wagen diesen Defekt hatte. Das hat den Verkaufspreis natürlich nicht gerade nach oben getrieben und es war am Ende ein bitteres Verlustgeschäft. Immerhin: Irgendein Exporteur kaufte den Wagen und brachte ihn nach Spanien. Keine Ahnung, ob die Spanier bei der Fehlersuche mehr Glück hatten.

Sidney Industries

Das Ende von Five Star Performance fiel auf einen Montag im April. Ich bitte auch hier um Verständnis, wenn ich nicht auf alle Details eingehe.

Pedro und ich saßen zusammen in der Werkstatthalle, die zum größten Teil leergeräumt war. Es lag noch etwas Müll herum und alles hatte eine recht depressive Stimmung. Wir sprachen darüber, wie es jetzt weitergehen sollte. Klar war, dass wir weiterhin zusammenarbeiten wollten.

Dieses Verständnis zwischen uns beiden bildete damals den Grundstein für den Gedanken, meine eigene Firma zu gründen. Pedro ist eine ganz wichtige Säule in meinem Unternehmen und ein sehr, sehr enger Freund. Was ich so unendlich an ihm schätze, ist, dass es für ihn kein unlösbares Problem gibt. *Geht nicht* gibt es nicht. Pedro findet immer einen Weg, etwas hinzubekommen. Das kann zwar manchmal etwas dauern oder unkonventionell sein, aber er gibt einfach nicht auf und macht eben weiter, bis er es geschafft hat. Das habe ich in diesem Maße noch bei keinem anderen Menschen erlebt.

Ein weiteres Phänomen ist unser Verhältnis zueinander. Es gelingt uns bereits seit Jahren, bis 18 Uhr Chef und Angestellter zu sein – und ab 18 Uhr einfach richtig gute Kumpels. Das ist ein sensationelles Verhältnis und ich bin Pedro unendlich dankbar, dass wir das so hinbekommen. Ich weiß, dass ich manchmal nicht einfach bin. Und Pedro ist ein stolzer Portugiese – anscheinend bekommen Portugiesen in die Wiege gelegt, dass sie immer recht haben. Und wenn ich »immer« sage, dann meine ich auch »immer«. Als weitere

Eigenschaft haben sie dazu selbstverständlich das letzte Wort. Ihr merkt an der Art und Weise, wie ich das schreibe, dass wir uns auch sehr viel streiten. Pedro strahlt dazu noch eine gewisse Ruhe aus, die seinen kurzen Sätzen eine enorme Kraft verleihen. Auf diese Art schafft er es, dass man immer geneigt ist, ihm zu glauben oder tatsächlich recht zu geben. Beispiel gefällig?

Es hatte sich bewährt, dass ein Mitarbeiter von Anfang bis Ende für ein Projekt beziehungsweise ein Auto zuständig war. Durch meine Arbeit beim Fernsehen und anderen Verpflichtungen war ich aber oft nicht in der Werkstatt. Dadurch hätten die Autos eigentlich zum Teil wochenlang stehen bleiben müssen und das geht bei Kundenfahrzeugen natürlich nicht. Daher habe ich schon vor langer Zeit beschlossen, nur noch an meinen eigenen Autos zu schrauben. Bei denen ist es in der Regel egal, wenn sie über einen längeren Zeitraum unverrichteter Dinge stehen bleiben.

Kurz vor einem Dreh hatte ich einmal an meinem VW Golf GTI Clubsport S(idney) geschraubt. Er sollte bei einer Messe ausgestellt werden. Unter anderem hatte ich eine größere Bremse und, klar, andere Felgen verbaut. Dadurch war es nötig, Distanzscheiben zu verwenden, damit die Felge über die große Bremse passt und dabei ausreichend Freigang hat. Ohne Distanzscheibe passt die Felge so eben über den Bremssattel und ist bewegbar. Wir reden über eine 5mm-Distanzscheibe, die den Freilauf perfektioniert.

»Sidney!«

»Ja?«

»Wann machst du endlich die Distanzscheiben drauf? Der Clubsport muss fertig werden!«

»Hab ich doch gemacht!«

»Hast du nicht!«

Ich war mir sicher, dass ich die Distanzscheiben bereits verbaut hatte. »Klar, hab ich die verbaut!«

Zum besseren Verständnis: Ich saß während des Dialogs im Türrahmen von Pedros Büro.

»Hast du nicht! Mach das endlich mal fertig.«

»Sag mal! Hast du einen am Brett? Klar hab ich die Distanzscheiben draufgehauen!«

»Warum liegen die denn dann bitte hier?«

»Das sind andere Distanzscheiben, die hat Tobi neu bestellt!«

»Das ist doch Quatsch!«.

Ich begann, an mir zu zweifeln. Ich war mir so sicher, dass ich die Distanzscheiben draufgemacht hatte. Aber Pedro hatte mich völlig schwindelig geredet. Ich muss auch eingestehen, dass ich ab und zu mache Sachen gleichzeitig mache und dadurch manchmal den Überblick verliere. Das ist übrigens das, was mir am Schrauben am meisten Spaß macht: Es ist für mich pure Entspannung. Beim Schrauben – und sei es auch noch so simpel – kann ich endlich abschalten. Ich teile mich immer, wenn es mein Zeitplan zulässt, zum Reifen aufziehen ein. Das Dumme ist: Wenn das Hirn so in Urlaub geht, ist die Erinnerung an die Tätigkeit nicht immer vorhanden. Möglicherweise hatte Pedro also doch recht und ich hatte die Distanzscheiben doch noch nicht draufgehauen.

Dann stand das Kamerateam in der Werkstatt und ich musste drehen. Auf dem Weg zur Szenerie lief ich an dem GTI vorbei.

»Verdammte Axt! Ja klar hab ich die Distanzscheiben draufgemacht!«

Pedro war es wieder einmal gelungen, mich völlig zu verunsichern. Diesen Triumph wollte ich natürlich sofort auskosten. Blöd war nur, dass Pedro gerade nicht da war und der hektische Redakteur mich bereits zum dritten Mal zum Beginnen aufforderte. So konnte ich es ihm nicht aufs Brot schmieren und vergaß es. Aber selbst, wenn ich ihn darauf angesprochen hätte: Wenn Pedro mal nicht recht hat, liegen die anderen falsch. Großartiges Prinzip oder? Ich lieb dich, Pedro.

Am Tag, als Five Stars Performance zu Ende ging, saßen wir am Abend noch alleine in der Halle. Mittlerweile war es dunkel geworden. Durch Pedros Loyalität und wie er sie zum Ausdruck brachte, musste ich auch die eine oder andere Träne verdrücken. Wenn man an so einen Punkt gelangt, stellt man sich bewusst die Frage, was man eigentlich machen will. Diese Frage konnte ich recht schnell beantworten: Five Star Performance hatte für eine Tuningwerkstatt genügend Mitarbeiter gehabt. Insgesamt zehn Menschen, für die man die Verantwortung trug. Der Laden wurde quasi von allein immer größer und größer. Aber ehrlich gesagt musste ich das gar nicht haben.

So wusste ich, dass ich meinen eigenen Laden kleiner machen und kleiner halten wollte. Dadurch konnte ich seither die Kosten gering halten, musste weniger Verantwortung tragen und konnte viel mehr Projekte machen, auf die ich wirklich Bock hatte. Ich musste nicht jedem noch so unsinnigen Kundenwunsch hinterherrennen, sondern konnte selektieren. Seitdem hatten ich und natürlich auch meine Mitarbeiter viel mehr Spaß an der Arbeit. Basierend auf der Partnerschaft zwischen mir und Pedro und mit dieser klaren Firmenphilosophie entstand also Sidney Industries. Zu meiner kleinen, schlagfertigen Werkstatt-Truppe gehören neben Pedro auch meine Schwester Karin und unser Werkstattkoordinator Tobi.

Im Nachhinein bin ich froh über die Entwicklung und stolz darauf, was wir mit der Firma seit 2012 erreicht haben. An dieser Stelle muss ich unbedingt meine Freundin Leo erwähnen. Ohne ihre unglaubliche Unterstützung hätte ich so manches nicht machen können. Sie ist wirklich meine bessere Hälfte und hält mir, zusammen mit Karin, wann immer sie kann, den Rücken frei. Nicht nur dafür bin ich ihr unendlich dankbar!

Mein liebster Schatz, Teil 1

Zunächst möchte ich darauf hinweisen, dass sich die Überschrift dieses Kapitels auf Autos bezieht und nicht auf persönliche Beziehungen. Ja, ich habe einen Nagel im Kopp, was Autos und Tuning angeht, aber es geht nicht so weit, dass es irgendein Fetisch wäre.

Viele wissen ja bereits, dass ich mit meiner Freundin Leo seit mehreren Jahren glücklich liiert bin. Aber in diesem Buch soll es ja hauptsächlich um Autos gehen und nicht um meine Beziehung zu Leo.

Um die Geschichte von Anfang an zu erzählen, muss ich etwa elf Jahre zurückgehen. Ich suchte, wie fast jeden Abend, im Bett mit meinem Handy nach Gebrauchtwagen und neuen oder abgefahrenen Tunings und entdeckte ein Bild, das sofort mein Interesse weckte. Auf dem Bild war ein schwarzer Porsche 911 900 zu sehen. Allerdings sah er anders aus als jeder Porsche, den ich jemals zuvor gesehen hatte. Er hatte einen abartig breiten Arsch, war fast schon übertrieben bullig und es wurde gar nicht erst versucht, die Verbreiterungen irgendwie fließend oder ohne erkennbare Kannte in die Ursprungskarosse einzuarbeiten. Nein, man konnte die Nieten, mit denen die Kotflügelverbreiterungen angebracht worden waren, selbst auf dem kleinen Bild mit bloßem Auge erkennen. Eine unfassbar brutale Optik, die sofort mein Tunerherz ansprach. Ich machte mich auf die Suche danach, was oder wer hinter diesen Breitbauten steckte. Zunächst fiel mir auf, dass ich ausschließlich Autos der Marke Porsche mit diesen ikonischen Verbreiterungen fand. Dann schien es keinen 911er, der nach dem 993, welcher von Porsche bis 1998 gebaut wurde, in diesem Stil zu geben. Der 993 war der letzte luftgekühlte 911er, den es gab. Danach wurde auf Wasserkühlung umgestellt.

Jedes Auto, das ich zu dem Thema fand, trug einen fetten Schriftzug auf der Windschutzscheibe: »RAUH-Welt«, besser bekannt als RWB / RAUH-Welt BEGRIFF.

Es waren eindeutig deutsche Worte, aber sie ergaben einfach keinen Sinn. Die Spur führte mich nach Japan. Ich las im Internet zahlreiche geradezu mystische Geschichten zu dieser japanischen Firma und muss ehrlich zugeben, dass ich anfing zu zweifeln, ob das nur irgendein komischer Internet-Gag war oder sich tatsächlich etwas Ernsthaftes dahinter verbarg. Die Bilder von dem umgebauten Porsche hatten sich jedenfalls tief in mein Gehirn eingebrannt.

Mein Interesse flachte danach wieder etwas ab, da es unmöglich schien, der Sache oder der Firma auf den Grund zu gehen. Nichts außer komischen Verschwörungstheorien und sektenähnlichen Geschichten kamen dabei heraus. Jedenfalls nichts Handfestes dazu, wo oder wie man an einen solchen Breitbau kommen konnte.

Etwa fünf Jahre später war ich auf der »SEMA-Show« in Las Vegas. Dort sah ich zum ersten Mal einen RWB Porsche live vor mir. Wieder war ich absolut hin und weg von dem brachialen Look dieses Umbaus. Wahrscheinlich habe ich ganze Stunden damit zugebracht, diesen Wagen von allen Seiten zu betrachten und zu studieren, wie was gemacht wurde.

Abgesehen von den ganz offensichtlichen Dingen, die jedem Kind auffallen würden, konnte ich aber nicht entdecken, wie der Umbau im Detail umgesetzt wurde. Ich entdeckte viele Teile, die eindeutig nicht aus Zuffenhausen stammten, aber so perfekt aussahen, als wären sie dort in Serie gefertigt worden. Mein Feuer für RWB war neu entfacht.

Zurück daheim fand ich durch meine Recherche eine E-Mail-Adresse von RWB. Ich schrieb ihnen, dass ich ihr Auto gesehen hatte, ein Fan war und auch gerne so ein Body-Kit haben würde. Die Antwort erfolgte etwa zwei Tage später und beschränkte sich darauf, dass das Kit derzeit nicht lieferbar sei. Nach einiger Zeit kam ich an eine andere E-Mail-Adresse von RWB, bekam aber fast wortgleich wieder eine Absage.

Etwa zur gleichen Zeit wurden die Umbauten von Liberty Walk immer größer und in der ganzen Welt bekannt. Ich wollte meinen 911 997 Turbo ein Body-Kit von Liberty Walk besorgen und flog nach Japan auf den Tokyo Auto Salon. Die Gespräche mit Liberty Walk verliefen problemlos und ich hatte etwas Zeit vor meinem Rückflug. So kam ich relativ spontan auf die Idee, mal bei RWB reinzuschauen. Ich kann jetzt nicht sagen, dass der Stand von RWB mich irgendwie besonders beeindruckt hätte, aber davon darf man sich nicht täuschen lassen, das ist nur wenig aussagekräftig. Im Gegenteil, dadurch wurde mir die Firma sympathischer. Das Gespräch verlief allerdings deutlich holpriger als erwünscht, was nicht nur an den schlechten Englischkenntnissen meines Gegenübers lag. Der Einstieg war noch ganz gut, da er sah, dass ich bereits per E-Mail Kontakt aufgenommen hatte und jetzt tatsächlich auch vor Ort war. Offensichtlich nahm ich die Sache entsprechend ernst. Aber ab diesem Zeitpunkt verlief das Gespräch eher nur semi gut. Der japanische, etwas zerzaust aussehende Herr wollte, dass ich erst mal fünfundzwanzigtausend Dollar überweise. Wenn das Geld eingegangen sei, bekäme ich dann »irgendwann« mal das Body-Kit, wenn es denn wieder lieferbar sei.

Mit dem Kit fange ich nur dummerweise nichts an. Denn bei RWB bestellt man nicht einfach ein Kit, welches man dann selber mit einer Anleitung verbaut. Bei RWB muss der Besitzer der Firma, Akira Nakai, persönlich kommen und die Teile verbauen. Es gibt de facto keine andere Person auf diesem Planeten, die einen RWB–Umbau durchführen kann.

Dann hätte ich also dieses Kit, woraufhin »irgendwann« mal Akira Nakai vorbeikommen sollte, um die Teile an meinen Porsche zu bauen. Hier kamen jetzt einige Punkte zusammen. Erstens hatte ich noch kein Basisfahrzeug, welches ein luftgekühlter Porsche sein musste. RWB verbaut ihre Kits ausschließlich in luftgekühlte Porsche. Zweitens sollte ich irgendeiner, zugegebenermaßen etwas zwielichtig anmutender Tuningfirma pro forma fünfundzwanzigtausend Dollar überweisen, ohne einen Liefertermin für das Kit und ohne einen Termin für den Umbau zu erhalten. Das alles wirkte für mich ehrlich gesagt nicht sonderlich vertrauenerweckend.

Nichtsdestotrotz wollte ich unbedingt einen RWB haben. So war mein Angebot, dass ich die Hälfte als Anzahlung leisten und den Rest nach dem fertigen Umbau begleichen würde. Daran hatte der Japaner allerdings nicht das geringste Interesse. Ich wurde mit einem freundlichen Lächeln darauf hingewiesen, dass es den einen Weg gäbe – oder keinen.

Ich verließ Japan mit gemischten Gefühlen. Zum einen wollte ich unbedingt einen RWB, zum anderen konnte ich doch nicht einfach so viel Geld mehr oder weniger ins Nirwana schicken und dann darauf hoffen, dass das Ganze auch irgendwann stattfand. Na ja, der persönliche Eindruck, den ich bei RWB hinterlassen hatte, war vermutlich nicht der Beste. Somit lag das Projekt wohl wieder auf Eis.

Mein liebster Schatz, Teil 2

Noch bevor die Maschine auf deutschem Boden landete, bereute ich mein Vorgehen. Meine Befürchtung war, dass dies meine letzte echte Chance gewesen sein könnte, an einen RWB zu kommen. Ich hatte mich von der japanischen Vorgehensweise entmutigen lassen. Aber ich wollte dieses Auto haben!

Über drei Ecken bekam ich die E-Mail-Adresse von einem gewissen Christian. Es hieß, er sei die rechte Hand des Firmenchefs. Entgegen meiner sonstigen Art beschloss ich, etwas auf die Kacke zu hauen. Ich beschrieb, dass ich eine eigene Firma hatte und regelmäßig im deutschen Fernsehen zu sehen war. Offenbar schien das ein bisschen zu helfen. Im Nachhinein stellte sich heraus, dass mir eher meine Hartnäckigkeit an sich half als meine Präsenz im Fernsehen oder die Tatsache, dass ich meine eigene Tuningfirma hatte. Solche Dinge waren und sind nicht entscheidend.

Wahrscheinlich fragen sich gerade viele von euch, was denn um Himmels willen so toll an RWB sein soll und mich so einen Aufwand betreiben ließ. Lasst mich an dieser Stelle mal kurz ausholen.

Der konventionelle Weg ist meistens nicht mein Stil, ich versuche ja immer, etwas Besonderes zu finden oder zu haben. RWB ist eine Firma, die international sehr bekannt ist. Sie existiert bereits seit über zwanzig Jahren. Dennoch gab es zum damaligen Zeitpunkt kein einziges Fahrzeug von ihnen in Deutschland. Nur noch mal, um die Absurdität zu verdeutlichen: Der Firmenchef Akira Nakai baut ausschließlich Porsche um. Ein durch und durch deutscher Sportwagen. Dennoch gab es keinen einzigen RWB-Porsche in Deutschland.

Wie kann das sein? Nun, erstmal ist der Porsche-Fahrer an sich ein eigener Typ und bildet so eine spezielle Klientel. Porsche ist zwar im Rennsport sehr erfolgreich und auch ein rassiger Sportwagen. Aber auf den Straßen, vor allem in Deutschland, dient er in erster Linie als Statussymbol. Außerdem ist Porsche quasi heilig. Einen Zuffenhausener zu »optimieren« oder gar umzubauen grenzt schon an Blasphemie.

Damit sollte ich später auch eigene unschöne Erfahrungen machen. Die deutschen Porsche-Fahrer mögen es nicht, wenn sich jemand unter sie mischt, der von der Norm abweicht. Mein guter Kollege der Porsche-Sammler Magnus Walker – der »Porsche-Punk« – kann hiervon ein Lied singen.

Die Kundschaft war in Deutschland somit eine recht große Hürde – und die andere war die eines jeden Tuners: der deutsche TÜV.

Durch zahlreiche, möglicherweise auch übertriebene Geschichten über den TÜV haben sich die Japaner vom »Motherland« Deutschland einfach ferngehalten.

Die Einzigartigkeit des RWB in Deutschland war also einer der Gründe, warum ich einen wollte. Zudem faszinierte mich die Firmengeschichte von RWB. Der Legende nach wollte Rennfahrer Akira Nakai mehr Traktion auf seinen Hinterreifen haben. Dies erreicht man recht direkt mit breiteren

Hinterreifen. Diese wiederum passen aber nicht so einfach in den Radkasten, daher musste dieser verbreitert werden. Das klingt tatsächlich unspektakulär, betrifft aber einen ganz wichtigen Punkt: Das Tuning ergibt sich aus der Funktion und ist in erster Linie kein Design-Element. Das Schöne daran ist aber, dass das Design gleichzeitig – jedenfalls für mich – der absolute Hammer ist. Die Hinterreifen der Porsche von Akira Nakai wurden immer breiter und breiter, und entsprechend ging es den Karosserieanbauten. Nakai-san fährt in der japanischen Idlers Rennserie. Er will bestimmte Sachen verbessern, denkt sie sich aus, baut sie, testet sie in Rennsituationen und integriert sie, wenn sie funktionieren, in seine Body-Kits. Alles, was er verbaut, hat Sinn und Funktion abseits des bloßen Looks. Für manche mag sein Style übertrieben wirken und viele sprechen seinen Body-Kits die Funktionalität ab, aber das ist nicht der Fall. Okay, zugegeben, wenn man nicht die entsprechende Motorleistung unter der Haube hat und auch nicht so fährt, hat das Body-Kit tatsächlich keine Funktion in dem Sinne. Abgesehen davon ist die Art der Firma, jedenfalls meines Wissens nach, einzigartig. Der Chef der Firma hat jedes einzelne Body-Kit auf der Welt persönlich und eigenhändig gebaut. Es gibt keinen anderen Menschen, der das kann. Das mag für Außenstehende schwer verständlich sein, da die Wagen auf den ersten Blick doch recht brachial und einfach »zusammengeschraubt« scheinen. Aber glaubt mir, dem ist nicht so.

Pedro zum Beispiel ging es auch so: Ich erzählte ihm von den Body-Kits und zeigte ihm die Bilder.

»Ist doch total geil, oder? Wie Hammer die Porsche aussehen!«

»Wenn das sein muss.«

»Ja, schau dir das doch an!«

»Mhm.« Pedros Begeisterung für den Ultrabreitbau hielt sich doch sehr in Grenzen.

»Außerdem: Nur der Chef selbst kann die Kits verbauen.«

»Quatsch.«

»Doch wirklich.«

»Wir haben doch auch den Liberty Walk gebaut. Der Unterschied ist nicht so groß.«

Aber als Pedro später sah, wie der Japaner die Autos baute, musste auch er ihm Respekt zollen.

Zurück zu meinem erneuten Versuch, einen RWB zu bekommen. Die rechte Hand des Chefs, Christian, wollte, dass ich wegen der langen Lieferzeit direkt das Body-Kit bestellte. Ich begann wieder zu zögern, da ich ja noch kein Basisauto hatte. Für mich war der erste Schritt, eine Zusage zu bekommen, dass sie mir einen bauen, danach erst würde ich den entsprechenden Porsche kaufen und anschließend das Kit bestellen und den Bau durchführen lassen.

Im Nachhinein frage ich mich, warum ich diese recht starre Reihenfolge unbedingt aufrechterhalten wollte. Manchmal nehme ich mir eben im Kopf einen Weg vor, von dem ich mich dann kaum abbringen lasse. So kam es natürlich, dass ich das Kit nicht bestellte, sondern nach einem Basisfahrzeug Ausschau hielt, was dazu führte, dass mein Kontakt zu RWB wieder abriss. Wieder kam in mir das Gefühl hoch, dass das Projekt wohl nie stattfinden würde.

Wieder ein Jahr später, wieder »Sema-Show« in Las Vegas. Ich war auch für einen meiner Werbe-Partner vor Ort und sollte an ihrem Stand einige Interviews führen.

»Am Samstag ist dein Gesprächspartner dann der Geschäftsführer von RAUH-Welt BEGRIFF.«

»Wie bitte?!«

»Das ist so ein Tuner aus Japan.«

»Ich weiß, wer das ist, ich versuche seit Jahren, mir ein Auto von ihm bauen zu lassen!«

Ehrlich gesagt war ich schon etwas aus dem Häuschen »the man himself« zu treffen und zu interviewen. Das war meine Chance, dieses Projekt doch wirklich an den Start zu bekommen.

Das Interview verlief sehr gut und wir merkten, dass wir uns sympathisch waren. Direkt nach dem Interview plauderten wir hinter der Bühne weiter. Ich erzählte ihm, dass ich bereits seit einiger Zeit versuchte, einen RWB zu bekommen. Er antwortete nicht nur, dass das kein Problem sei, sondern fragte mich auch noch direkt an diesem Abend, ob ich nicht Interesse hätte, die Firma in Deutschland offiziell zu repräsentieren.

Ich hätte den Mann am liebsten umarmt, habe aber mal gehört, dass die Kollegen aus Asien darauf nicht so wahnsinnig scharf sind, daher hielt ich mich zurück. Aber diese Anfrage war mir eine große Ehre und selbstverständlich sagte ich ihm sofort zu.

Kennt ihr den Spruch »Don't meet your heroes«? In meinem Fall stimmte der überhaupt nicht. Nakai, über den weltweit gesprochen wird, über den Legenden erzählt werden, der gehypt wird wie kaum ein anderer Tuner, ist ein absolut bodenständiger, freundlicher und zurückhaltender Mensch. Wie ich bald feststellen durfte, kommt zu diesen persönlichen Eigenschaften auch noch eine Handwerkskunst, die ich so noch nirgendwo sonst beobachten durfte.

Ich besorgte mir mein Basisfahrzeug: Porsche 911 993 mit luftgekühltem 3,6-Liter-Sechszylinder-Boxermotor mit 272 PS in lila – das Kit hatte ich selbstverständlich schon bestellt. Das Erfreuliche war: Seit ich Nakai persönlich kannte, hieß es nicht mehr »kommt irgendwann« – mit mir wurde sowohl der Liefertermin als auch der Bautermin direkt besprochen.

Einige Zeit später bekam ich dann eine riesige, sehr akkurat gepackte Kiste mit diversen Bauteilen aus Japan geschickt. Ich habe sie wie ein kleines Kind an Weihnachten geöffnet. Allerdings ließ mich der Inhalt dann doch zum Teil ratlos zurück. Ich hatte bei dem Anblick mancher Komponenten wirklich keine Ahnung, was sie sollte oder wofür er sie brauchte. Ein Beispiel dafür: drei schwarze Gummilappen. Das war nicht der Moment, an dem ich wieder anfing zu zweifeln, aber ich fragte mich schon ernsthaft, wo zum Teufel diese drei Gummilappen wohl zum Einsatz kommen würden. Gut, da jeder RWB am Ende des Tages ein Unikat ist, da die Autos nie exakt gleich gebaut werden, war dies vielleicht ein neues aerodynamisches Element, welches man zum Beispiel an den Frontkotflügeln irgendwo befestigte. Dann stellte sich allerdings die Frage: Warum drei und warum in der Länge?

Der Tag des Baus rückte näher. In der Zwischenzeit hatte ich auch die Handynummer von Akira Nakai und fragte ihn, wann er in Düsseldorf landete, damit wir ihn vom Flughafen abholen können. Er meinte, ich solle mir keinen Stress machen und ihm nur die genaue Adresse schicken, dann nähme er den Bus. Hatte ich ja bereits erwähnt – der Mann hat nicht mal annähernd irgendwelche Starallüren. Aber ich ließ es mir dann doch nicht nehmen, ihn vom Flughafen abzuholen. Der Bau des ersten RWBs in Deutschland entpuppte sich zu einem wahren Event. Leute aus aller Welt kamen zu mir in die Werkstatt, um zu sehen, wie Nakai den Wagen umbaute. Es hatte etwas von einem stummen Gottesdienst – gepaart mit meditativem Sägen.

Ja, ihr habt richtig gelesen: Sägen. Bevor die Verbreiterungen angebaut werden können, muss man hier und da etwas von der Karosserie entfernen. Das ist auch der Punkt, an dem sich die Geister scheiden. Für die einen ist Akira Nakai ein Künstler, ein Auto-Poet. Für die anderen ist er ein völlig durchgeknallter Japaner, der Porsche zersägt. Zeitweise hatte ich das Gefühl, dass die Leute mich erschießen wollten, weil ich zuließ, dass dieser Mann das einem 993 antat. Zu der Zeit gab es tatsächlich einen amtlichen Shitstorm, sowohl online als auch persönlich.

»Du zerstörst deutsche Kultur!« – »Wie kann man nur so ... sein?!« In einer Tour ging das so. Klar, gibt es angenehmere Sachen zu lesen. Aber mittlerweile bin ich da abgehärtet.

Wenn man Dinge tut, die nicht unbedingt der Norm entsprechen, begegnet einem so etwas immer mal wieder. Die Leute verstehen nicht, warum man das macht – und was sie nicht verstehen, ist ihnen fremd, und was ihnen fremd ist, das kann nicht gut sein. Und mittlerweile haben die Menschen kein Problem mehr, einen dafür öffentlich anzugreifen. So ist es leider.

Ich jedenfalls war begeistert von der Technik, die Nakai-san beim Bau anwendete. Bei ihm saß einfach jeder Handgriff. Es gab keinen Moment, an dem er ein zweites Mal ansetzen musste. Er zog beispielsweise seine Linie mit

Klebeband (um die Schnittkante zu markieren), warf einen prüfenden Blick darauf und machte weiter. Die Entstehung des »Furusato« (so taufte er den Wagen, heißt in etwa »Ursprung« oder »Herkunft«) war für mich so, als würde man einem Großmeister beim Malen eines Bildes zusehen.

Mir hat mal ein Redakteur gesagt, was seiner Meinung nach die Definition von Kunst sei: »Wenn jemand ein Handwerk so perfekt ausführt, dass das Ergebnis des bloßen Handwerks inspiriert und somit größer wird als das Handwerk selbst.«

Wie recht er damit hatte, wurde mir bewusst, als ich Nakai beim Arbeiten zusah.

Aus den drei erwähnten Gummilappen wurde eine Frontlippe. Nakai hielt die starre Frontlippe von Porsche im Rennbetrieb für impraktikabel, da sie, sobald man aufsetzte, kaputt ging und ausgetauscht werden musste. Er entwickelte daraufhin eine Gummilippe, die er stattdessen einsetzte. Das Besondere daran: Er machte aus den drei Gummilappen eine einzige Frontlippe, der man nicht ansehen konnte, dass sie so nicht von Porsche kam, und die am Ende so aussah, als wäre sie bereits ab Werk so ausgeliefert worden. Und so zieht es sich durch jedes Bauteil.

Zeitgleich zu dem Bau wurde ich Mitglied der RWB-Gemeinschaft, die man völlig zu Recht als Familie bezeichnen kann. Manche schimpfen darauf, dass es eine Elite sei. Es gibt tatsächlich RWB-Besitzer, die sehr reich sind, aber man darf nicht vergessen, dass andere wiederum ihr Leben lang gespart haben, um sich gerade so durch Abstriche einen RWB leisten zu können. Es kommt nicht darauf an, wie viel

Geld man hat oder welchen gesellschaftlichen Status. Es kommt einzig und alleine darauf an, ob man ebenfalls eine Art Bruder oder Schwester im Geiste ist. Passt man zu der Gruppe, bekommt man einen gebaut, passt man nicht dazu, wartet man vergeblich. In der RWB-Familie geht es um eine klassenlose Leidenschaft, die alle miteinander verbindet.

In einem asiatischen Land wollte mal ein sehr, sehr reicher Geschäftsmann einen RWB haben. Der Typ wollte Millionen dafür zahlen, dass Nakai-san ihm einen baut. Aber diesen ließ das völlig kalt. Er will gar nicht, dass Menschen, die einfach nur »haben wollen« und sonst nichts, so ein Auto bekommen. Dafür will er keine Lebenszeit verschwenden. Und das muss einem auch bewusst sein: Dass, wenn Nakai einmal aufhören wird zu bauen oder nicht mehr unter uns weilt, dann wird es auch kein RWB mehr geben.

Mittlerweile bin ich vollkommen in die RWB-Welt eingetaucht. Ich war bei mehreren Bauten dabei und habe mich mit diversen anderen RWB-Besitzern getroffen. Da ich der offizielle RWB-Repräsentant in Deutschland bin, komme ich jetzt auch selbst sehr häufig in die Situation, dass Menschen mich danach fragen, wie sie einen bekommen können. Mir wurden für den »Furusato« tatsächlich über zweihunderttausend Euro dafür angeboten. Aber diesen Wagen würde ich nie verkaufen. Es sei denn, ich gerate in eine existenzgefährdende Schieflage, was hoffentlich nie passieren wird.

Neulich war jemand bei mir im Laden, dessen erste Frage »Was kostet das?« war – hier merkt man gleich, worum es geht. Der RWB wäre eine Investition oder eine Trophäe, mehr nicht. Bei anderen dagegen, oftmals bei solchen Menschen, bei denen man das gar nicht vermuten würde, lauten die Fragen: »Wie macht er das? Warum macht er das?« Da merkt man schon, dass es um was anderes als Geld oder Status geht.

Bis heute habe ich neunundneunzig Prozent der Anfragen tatsächlich abgelehnt. Klar, das ist nicht gut fürs Geschäft, aber ich bin der Meinung, dass die RWB-Familie etwas ganz Besonderes ist, die man auch entsprechend beschützen muss. Ich weiß, das klingt nach Sekte und ein stückweit ist es das auch, eben Brüder im Geiste. Für uns »Jünger« ist RWB Kunst und Ausdruck von Lebensgefühl. Für zahlreiche Menschen da draußen sind die RWBs die größten Tuningsünden, die ich begangen habe. Aber das ist in Ordnung. Über Kunst lässt sich eben streiten.

... und jetzt

Sidney Industries legt gerade einen Neustart hin. Wie er funktionieren wird, kann ich zurzeit noch nicht sagen, aber ich bin guter Dinge. Das Team Sidney Industries hat schon einige Tiefs überstanden und selbst die Hochzeiten sind nicht immer ganz leicht. Aber wir sind eine schlagfertige kleine Truppe. Durch die neue Sendung *PS Profis im Einsatz* arbeiten wir jetzt auch noch vor der Kamera zusammen. Ich denke, das hilft uns, noch enger zusammenzurücken – und das gefällt mir. Letztendlich ist Sidney Industries eher eine Familie als eine Firma. Mal sehen, wie die Jungs damit umgehen, wenn sie plötzlich nicht mehr unbehelligt über die Essener Motorshow laufen können ...

Wenn mich jemand nach den negativen Seiten der Bekanntheit fragt, antworte ich in der Regel nicht großartig darauf, es sei denn ich kenne denjenigen wirklich gut. Zu schnell läuft man sonst Gefahr, arrogant oder undankbar rüberzukommen. Nichtsdestotrotz gibt es eben auch für einen Z-Prominenten wie mich negative Seiten.

Am härtesten sind die Autogrammstunden. In der Regel sind mit dem jeweiligen Veranstalter fünfundvierzig Minuten ausgemacht. Oft nehme ich mir aber viel mehr Zeit, zum Teil bis zu drei Stunden. Und in den drei Stunden schreibe ich nicht nur mit gesenktem Kopf ein Autogramm nach dem anderen, ich gebe mir immer Mühe und versuche, wenigstens kurz denjenigen kennenzulernen, der vor mir steht. Ich schüttele seine Hand, mache ein Foto mit ihm und unterhalte mich kurz. Stellt euch mal vor, ihr macht das zwei Stunden lang pausenlos mit immer neuen Leuten! Klar ist es toll, in der Situation zu sein, dass es nach zwei Stunden immer noch Interessierte an einem Autogramm oder einem Selfie mit mir gibt. Aber gleichzeitig ist es auch echt freaky. Wenn ich dann nach einigen »Überstunden« einfach eine Pause brauche oder andere Termine habe, trifft es mich doch immer sehr, wenn sich enttäuschte Fans beschweren. Das gibt mir wirklich ein sehr schlechtes Gefühl: Egal was ich mache, es reicht nicht aus ... Aber Leute, ich kann das manchmal eben nicht ändern.

Oder wenn ich durch die Stadt renne, weil ich einen Termin auf dem Amt habe und spät dran bin. In so einer Situation kann ich mir eben leider keine Zeit nehmen. Und dann hagelt es Sprüche wie: »Deine Fans sind dir wohl nicht mehr wichtig!« Und das gehört zu den harmlosen Varianten.

Ich denke, ihr merkt, worauf ich hinauswill. Der Sidney, den man aus dem TV kennt, ist immer gut gelaunt. Aber ich bin nur ein Freak aus Dortmund. Auch ich bin nicht immer gut drauf, auch ich habe manchmal einen schlechten Tag. Das muss ich allerdings verstecken, wenn ich damit rechnen muss, dass mich ein treuer Zuschauer erkennt. Aber gut, so ist es nun mal. Und nichtsdestotrotz würde ich alles genau so noch mal machen.

Ich bin ja jetzt auch schon etwas älter und mache mir natürlich Gedanken, wie es weitergehen soll mit meinem Leben. Welche Träume oder Wünsche ich noch habe, die ich mir unbedingt erfüllen will.

Neulich kam ein alter Bekannter aus der Schulzeit zu mir in die Werkstatt.

»Du hast es ja geschafft, Alter! Guck dir mal die Karren an, die hier stehen! Mega!«

»Was machst du denn so mittlerweile?«

»Ach, ganz normal, ich hab geheiratet, hab zwei Kinder ...«

»Klingt für mich so, als hättest du es geschafft.«

»Ja, wer fährt denn hier den Porsche?«

Porschefahren macht Spaß. Einen Porsche in der Garage stehen zu haben ist wunderbar. Aber deswegen habe ich es nach meiner Auffassung nicht »geschafft«. Der Kollege hat eine Familie gegründet, hat Verantwortung für andere, für Kinder übernommen. Das ist für mich das, was einen Mann ausmacht, was ihn definiert. Okay, durch meine Firma habe ich ein kleines bisschen Verantwortung für meine Mitarbeiter, aber das ist kein Vergleich zu der Verantwortung eines Vaters. Das ist mir noch nicht gelungen, weil ich bislang noch nicht dazu bereit war oder bin. Aber ich weiß, dass ich das haben möchte und dafür auch gerne auf den Porsche verzichten würde.

Ihr merkt, es gibt außer Autos auch tatsächlich noch andere Gedanken, die in meinem kleinen Hirn so herumschwirren.

Egal was passiert, ich freue mich auf die Zukunft. In den letzten zehn Jahren meines Lebens ist so viel passiert. Manches war enttäuschend, vieles war unfassbar schön.

Ich empfinde ganz große Dankbarkeit und bin gespannt, was die nächsten zehn Jahre für mich und meine Lieben bereithalten. In diesem Sinne: Ride in style!

Danke

Sidney Hoffmann

Ich möchte allen Menschen danken, die sich an der Verwirklichung dieses Projektes beteiligt haben. Das Buch wäre nicht das, was es ist jetzt ist, ohne die Impulse, konstruktive Kritik und Anregungen meiner Unterstützer!

Dank an ...

... meine Mama und meinen Papa, ohne die beiden würde es mich und demnach auch dieses Buch nicht geben! Danke für all das, was ihr für mich getan habt!

... Ferry Weiss für Deine Unterstützung und dafür, dass Du Struktur in meine Gedankenflüsse gebracht hast!

... Jennifer Kroll für Dein Organisationstalent! Dieses Buch wäre nie veröffentlicht worden ohne Deine Geduld und Deine Ausdauer!

... Swantje Buddensiek für das wunderbare Lektorat!

... die Chefetage von SPORT1 und dem gesamten Team für die lange und tolle Zusammenarbeit bei den PS Profis!

... das Team von Eden Books, das dieses Projekt erst ermöglicht hat!

... meine Freundin Leo für Deine liebevolle und unermüdliche Unterstützung!

... meine Schwester Karin für Dein stets offenes Ohr!

... meine gesamte Familie, all meine Freunde

... und nicht zuletzt all meinen Freunden und meinem gesamten SI-Team!

Ferry Weiss

Besonderer Dank an ...

... meine Freundin Nina Siegmund für das Verständnis und die tolle Unterstützung!

... Manuel Atzler für die gute Zusammenarbeit!

... Jennifer Kroll für die Überzeugungsarbeit und das Vertrauen!

... Swantje Buddensiek für das hervorragende Lektorat!

... Sidney für die Offenheit und die jahrelange, außergewöhnliche Zusammenarbeit!

... Karin für das stets offene Ohr und den hilfreichen Austausch!

Außerdem bedanke ich mich bei meiner Familie, Toni Fröstl, Matthias Seifert, Oliver Wortmann und SPORT1.